景境构成——品题（下册）

苏州园林园境系列

曹林娣 ◎ 主编

曹林娣
赵江华 ◎ 著

中国电力出版社
CHINA ELECTRIC POWER PRESS

内容提要

《苏州园林园境系列》是多方位地挖掘苏州园林文化内涵，并对园林及具体装饰构件进行文化阐释的专门性著作。本书（上、下册）包含苏州园林中的沧浪亭、网师园、狮子林、拙政园、艺圃、留园、天平山庄、环秀山庄、耦园、怡园、曲园、拥翠山庄、退思园、虎丘，通过解读苏州园林的品题（匾额、砖刻、对联）及品题的书法真迹，使读者感受苏州园林深厚的文化底蕴。

图书在版编目（CIP）数据

苏州园林园境系列. 景境构成·品题：全 2 册 / 曹林娣，赵江华著；曹林娣主编. —北京：中国电力出版社，2021.10
ISBN 978-7-5198-5382-2

Ⅰ. ①苏… Ⅱ. ①曹…②赵… Ⅲ. ①古典园林—园林艺术—苏州 Ⅳ. ① TU986.625.33

中国版本图书馆 CIP 数据核字（2021）第 031513 号

出版发行：中国电力出版社
地　　址：北京市东城区北京站西街 19 号（邮政编码 100005）
网　　址：http://www.cepp.sgcc.com.cn
责任编辑：曹　巍　（010-63412609）
责任校对：黄　蓓　朱丽芳　常燕昆
书籍设计：锋尚设计
责任印制：杨晓东

印　　刷：北京瑞禾彩色印刷有限公司
版　　次：2021 年 10 月第一版
印　　次：2021 年 10 月北京第一次印刷
开　　本：787 毫米 ×1092 毫米　16 开本
印　　张：37.5
字　　数：751 千字
定　　价：168.00 元（全 2 册）

景境构成——品题（下册）

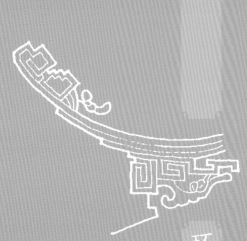

环秀山庄（清）

环秀山庄位于苏州市景德路黄鹂坊桥东。东晋时为中书令王珉住宅，后舍宅为景德寺。入明后相继为学道书院、督粮道署、巡抚行台、中吴书院等，后为明大学士申时行宅园。清乾隆时为刑部员外郎蒋楫所有，垒石为山，得泉名"飞雪"，继而为尚书毕沅宅园，后又为文渊阁大学士孙士毅后代所得，清嘉庆十二年（1807年）前后，园主孙均延请戈裕良于书厅前叠造太湖石大假山，清道光末归工部郎中汪藻，咸丰元年（1851年），汪氏在此建宗祠及耕荫义庄，东偏为园，取名"颐园"，构堂名环秀山庄。

全园现占地面积二千一百八十平方米，其中假山约五百平方米，刘敦桢在《苏州古典园林》一书中说："苏州湖石假山，当推此为第一。"陈从周评价："造园者不见此山，正如学诗者未见李、杜。"（《园林谈丛》）曹汛赞之："是我国现存全假山当中难能可贵的'神品'。"（《中国园林》1986年第二期《叠山名家戈裕良》）

半潭秋水一房山

一、入口洞门

砖额（图 8-1）：

迎晖

迎接太阳光辉。月洞门面东。

隶书。无款。

图 8-1　迎晖

二、有穀堂

匾额（图 8-2）：

有穀堂

"穀"指"穀禄"，古代以"穀"代官俸禄，"有穀"，即政治清明出仕食禄。

行楷。款署"甲子年重建，徐运北题"。徐运北（1914—2018 年），山东聊城人，1934 年参加革命工作，曾任卫生部、轻工部副部长，中国工艺美术协会第一届理事长。

图 8-2　有穀堂

堂北东西门宕砖额（图8-3、图8-4）：

环清　挹秀

"环清"，周围都是苍翠之色。"挹秀"，秀色可用瓢舀取。

行楷。无款。

图8-3　环清　　　　　　　图8-4　挹秀

东门联（图8-5）：

千重碧树笼春苑；
万缕红霞衬碧天。

数千重绿树笼罩了春天的花园；无数条红霞衬托着蔚蓝的天空。集唐代韦庄《中渡晚眺》诗句。

篆书，无款。

西门联（图8-6）：

风袂挽香虽澹薄；
月窗横影已精神。

图8-5　东门联　　　　　　图8-6　西门联

梅香盈衣袖散发出恬澹的香味；一枝梅影向窗横神清骨爽。出自范成大《再题瓶中梅花》诗句。

篆书。无款。

三、四面厅

匾额（图8-7）：

图8-7　四面厅匾（环秀山庄）

环秀山庄

秀色环抱的山庄。

俞平伯书额。俞平伯（1900—1990年），原名俞铭衡，字平伯，诗人、作家、红学家，晚清朴学大师俞樾曾孙，与胡适并称"新红学派"的创始人。

四、涵云阁

涵云阁为全园最高处，若登楼推窗，满目的湖石假山似云雾缭绕于阁下，阁楼如坐云中，故名。

对联（图8-8）：

风景自清嘉，有画舫"补秋"，奇峰"环秀"；
园林占幽胜，看寒泉"飞雪"，高阁"涵云"。

风景清丽美好，有形似画舫的水阁"补秋舫"，奇峰四环，秀色夺人的环秀山庄四面厅；园林占了幽胜之地，看那名叫"飞雪"的寒泉，名叫"涵云"的高阁。

行楷。款署"汪开祉先生题环秀山庄之联，甲子春日陈从周书"。汪开祉，清汪氏宗族族人，清诗文会会长。陈从周（1918—2000年），原名郁文，晚年别号梓室，自称梓翁。中国著名的古建筑、园林艺术家、专家。同济大学教授，博士生导师。擅长文、史，兼工诗词、绘画。

五、边廊边楼

边廊边楼位于花园西面，依园墙而建，故名。

砖额（图8-9）：

颐园

颐养之园。民国时期金松岑《颐园记》云："园在义庄东偏，其阖之额署曰'颐园'者，汪西溪书也。"

篆书。款署"甲子春重建，贵阳谢孝思书。"

图8-8 对联

图8-9 颐园

六、飞雪泉

石壁摩崖（图8-10）：

图 8-10　飞雪泉旧遗　　　　　　　　　　　图 8-11　问泉

　　泉水似飞舞的雪花。取苏东坡《试院煎茶》"蒙茸出磨细珠落，眩转绕瓯飞雪轻"诗意。园西北隅太湖石假山下有溪涧一道，石壁下即为泉水，清代冯桂芬《汪氏耕荫义庄记》云："蒋氏掘地得古甃井，命之曰飞雪泉"，这里就是古泉旧遗。

　　篆书。无款。

七、问泉亭

匾额（图 8-11）：

问泉

　　向泉水发问。亭位于飞雪泉前，采用拟人的修辞手法描写人与山水之间的关系。

　　行楷。款署"潘受"。潘受（1911—1999 年），原名潘国渠，福建南安人，1930 年南渡新加坡，书法家。1985 年获巴黎"法国艺术沙龙"金质奖，1986 年获新加坡政府文化奖章。

　　对联（图 8-12）：

小亭结竹流青眼；
卧榻清风满白头。

图 8-12　对联

原为明代唐寅题画竹联：小亭边的翠竹对我投来友好的眼光；清风吹拂卧榻上的白发人。

行书。无款。

八、舫形屋

匾额：

补秋舫①

可补秋色之舫。建筑临水而筑，形如舟舫（图 8-13）。

图 8-13　补秋舫

东西门宕书卷形砖额（图 8-14、图 8-15）：

摇碧　凝青

"摇碧"，碧色摇动。"凝青"，浓得化不开的青翠之色。

篆书。无款。

九、土埠方亭

匾额：

半潭秋水一房山②

月牙形池中的秋水之上，倒映着一房假山。取唐代李洞《山居喜故人见访》诗句。方亭依山临水，旁侧有小崖石潭，故名（图 8-16）。

① 匾额已佚。

② 匾额已佚。

环秀山庄（清）

图 8-14 摇碧

图 8-15 凝青

图 8-16 "半潭秋水一房山"亭

十、假山

假山联:

> 高林弄残照;
> 幽壑舞回风。①

　　夕阳照在假山高树上,树影投射在东墙上,风吹树影动;假山洞壑幽深,路径盘曲,风吹过有回风。"弄""舞",拟人化修辞。陈从周集词联,出句取宋代周密《玉京秋》词句,对句取宋代张孝祥《水调歌头》词句。此假山为清戈裕良以自创"钩带法"所叠,山中有峭壁、峰峦、洞壑、涧谷、栈道、小溪、水潭等,主次山气势绵延,险处断为悬崖,和自然真山无异,远观近赏,两相得宜,步移景异,变幻莫测(图8-17、图8-18)。

① 对联已佚。陈从周先生20世纪80年代曾指导环秀山庄修复工程。

图8-17　石室飞梁　高路入云

环秀山庄（清）

图 8-18　峰石嵯峨　岩崖若画

耦园（清）

　　耦园位于苏州城东北小新桥巷，原名涉园，后数易其主，清末园归沈秉成、严永华夫妇，夫妇与画家顾沄一起设计，将夫妇情爱通过建筑布局表现出来，具有浓厚的抒情写意色彩，是国内别具一格的爱情园。住宅东、西面建有花园，占地约有十二亩。

园林无俗情

巷门

门宕砖额（图9-1）：

耦园

图9-1　巷门（耦园）

夫妇并耕归隐田园。

周退密书额。隶书。

第一节

中部住宅区

一、门厅

匾额：

城东旧圃[1]

苏州城东北边的旧园。取园主沈秉成《耦园落成纪事》诗序"葺城东旧圃名曰耦园落成纪事"。

对联：

帆樯环雉堞；

烟水隐螺岑。[2]

船只环古城雉堞在护城河穿梭，隐约可见到隐于烟水朦胧中的小山峰。用耦园女主人严永华《鲽砚庐诗钞·九日登絜园三层楼》诗中句。

二、轿厅

门楼砖额（图9-2）：

平泉小隐

像唐代李德裕"平泉庄"一样美丽的隐居之所。

楷书。无款。

轿厅匾额（图9-3）：

偕隐双山

夫妇同隐于两山间。取耦园女主人严永华《双山寓庐》"偕隐双山间，一廛差可托"诗句意。

---

① 匾额待补。

② 对联待补。

图9-2 门楼"平泉小隐"

图9-3 轿厅匾额（偕隐双山）

　　江洛一书。江洛一（1932—2012年），字汀斋，号乐咏庐，原名禄烨，浙北嘉善西塘人，受父亲影响，擅诗词、字画鉴赏、书法。其书用笔沉着老健，字体清丽秀雅。碑帖兼施，气息醇厚，滋润有色，综各家之长，自成风格。

　　对联（图9-4）：

逍遥於城市而外；

仿佛乎山水之间。

在喧闹的城市外逍遥，好像徜徉在山水之间。取自全联本晋代潘岳《秋兴赋》中的"逍遥乎山川之阿，放旷乎人间之世"。

邓石如书，篆书。郑石如（1743—1805年），安徽怀宁人，本名琰，因避嘉庆讳，以字行，又字顽伯，别号完白山人、笈游道人，清代书法金石学家和文坛泰斗、经学宿儒。篆书博采众长，吸收汉碑和唐代李阳冰《三坟记》篆字之势，使之浑朴庄严，苍劲有力，自成一家，被后人称为"邓派"（又称"皖派"）。著有《完白山人篆刻偶存》等。

三、主厅

门楼砖额（图9-5）：

厚德载福

有大德者能多受福。《易·坤》："地势坤，君子以厚德载物。"

篆书。无款。

图9-4 对联

图9-5 门楼"厚德载福"

主厅匾额（图 9-6）：

载酒堂

图 9-6　主厅匾额（载酒堂）

载酒延客之堂。额名取自南宋戴复古《初夏游张园》诗意，原诗讲，在梅子熟了的季节，载旧宴游，一面饱尝黄熟了的枇杷，一面观赏戏水的乳鸭，从东园醉到西园，潇洒闲适。

曹兴福书。行楷。曹兴福，1932 年生，号白发童子，别署晴雪堂主，江苏张家港人，曾任苏州市政协主席。自幼酷爱书法，尤好行、榜书，形成独特的书艺风格。其榜书气势恢宏，笔力千钧。

门廊砖额（图 9-7、图 9-8）：

载酒　问字

图 9-7　载酒

图 9-8　问字

盛酒迎客、请教学问。取耦园男主人沈秉成"卜邻恰喜平泉近，问字车常载酒迎"诗句意，那时江苏巡抚张之万寓居拙政园，两家时常车来船往，在此饮酒赋诗，切磋学问。"载酒""问字"，为礼敬老师之典，典出《汉书·扬雄传》，沈秉成自比刘棻、侯芭，视张之万为师。

对联之一（图 9-9）：

东园载酒西园醉；
南陌寻花北陌归。

图9-9 对联之一（中堂联）

　　载酒宴游，从东园醉到西园；从南边的田间小路寻找花到北边的田间小道回家。出句取南宋戴复古《初夏游张园》诗句，对句从陆游"载酒园林，寻花巷陌"化出。

　　王西野撰句，瓦翁书。

对联之二（图9-10）：

<blockquote>
左壁观图右壁观史；
西涧种柳东涧种松。
</blockquote>

　　左壁看图右壁读史，东山涧边种柳树西山涧边种松树。

　　王梦楼即清代王文治书。

四、楼厅

门楼砖额（图9-11）：

图9-10 对联之二

图 9-11　门楼"诗酒联欢"

文人聚会诗酒唱和。中国古代文人聚会宴饮，往往是进行"文字饮"，他们有诗酒唱和的习惯。

楷书。无款。

楼厅门廊西砖额（图 9-12）：

锁春

锁住春光。取沈秉成"支窗独树春光锁"句。此处砖额"锁"字误作"琐"字。

图 9-12　琐春

第二节

东花园

一、东花园园门

圆洞门砖额（图9-13）：

耦园

"耦"即耦耕，是上古时期原始的耕作样式或经济形式，《论语·微子》篇有"长沮、桀溺耦而耕"的记载，"耦"成为文人归耕田园的符号。

图9-13 东花园园门（耦园）

二、书房

匾额（图 9-14）：

无俗韵轩

图 9-14 书房匾额（无俗韵轩）

没有适应世俗的气韵风度。取自东晋陶渊明《归园田居》五首之一。

苏局仙书。行草。

对联（图 9-15）：

园林到日酒初熟；
庭户开时月正圆。

酒熟月圆之时，在园林饮酒赏月，何等舒心惬意！清代何绍基集南唐伍乔《庐山书堂送祝秀才还乡》诗联。

款识"启功"。启功（1912—2005年），字元白，也作元伯，号苑北居士，清雍正皇帝的第九代孙。中国当代著名书画家、教育家、古典文献学家、鉴定家、红学家、诗人、国学大师。曾任北京师范大学教授、中国人民政治协商会议全国委员会常务委员、国家文物鉴定委员会主任委员、中央文史研究馆馆长、博士研究生导师、九三学社顾问、中国书法家协会名誉主席、世界华人书画家

图 9-15 对联

联合会创会主席，中国佛教协会、故宫博物院、国家博物馆顾问，西泠印社社长。启功精研碑帖，书法作品韵律优美、意境深远，被称为"启体"。书法界评其为"学者之书""诗人之书"。

书房庭院石峰摩崖（图9-16）：

浮玉　古月　白业^①

耦园（清）

图9-16　书房庭院石峰

浮玉，即浮玉之山，出自《山海经》，传说中仙人居住的地方。古月，即古时月、从前的月亮，月亮是纯洁、美好、团圆等的化身，有"金之神"之称，"古月"指返璞归真、自然皎洁的人间仙境。白业，是佛教语，谓善业。石峰小品旁，伴以古松、丛桂、紫薇等植栽，萧疏淡雅。

三、轩东半亭

横额（图9-17）：

枕波双隐

夫妇双双归隐于林泉。"枕波"即"枕石漱流"，典出《世说新语》。耦园三面临水，园内山水俱佳，借以喻作山林流泉，夫妇双双隐居于清流之上。

隶书。

砖刻对联（图9-17）：

① 《耦园志》："据1990年耦园修志者考证，此处立峰原均有石刻题名，分别为'浮玉''白业'和'古月'，现花台中仅一低矮石块的正反面分别刻有'白业'和'古月'二字，'浮玉'缺失"

<blockquote>
耦园住佳耦；

城曲筑诗城。
</blockquote>

耦园里住着一对隐逸归田、情真意笃的好夫妻，城边开出了写诗作文的一方净土。

隶书。

图 9-17　横额（枕波双隐）

四、船厅

匾额（图 9–18）：

藤花舫

藤花漫挂之舫。此舫南侧植有紫藤，故名。

楷书。款署"丁卯夏日钱定一书"。

五、长廊

廊额（图 9–19、图 9–20）：

樨廊（西）　筠廊（东）

"樨廊"，丛桂之廊。"筠廊"，新竹丛生之廊。廊西，八卦为兑卦，种植属阴的桂花；廊东，八卦为震卦，植属阳的竹子。遵照中华传统认识论。东廊内保存了园主夫妇题跋的《抡元图》（清代文学家、书画家王文治作）碑真迹（图9-21）。《抡元图》上有折枝香橼三只，"三橼"与"三元"谐音，有连中"三元"吉兆。但主题以"立身固不必以科举名重"，体现园主夫妇归隐山林之意。

篆书。无款。

耦园（清）

图9-18　藤花舫

图 9-19 樨廊（西）

图 9-20 筠廊（东）

图 9-21 《抡元图》碑

六、储香馆

匾额（图 9-22）：

储香馆

图 9-22　储香馆

储满桂花香气之馆。馆前庭院内植桂花，故而得名，旧时为书塾，隐喻蟾宫折桂，含劝勉勤奋学业之意。

篆书。周退密题额。

七、城曲草堂

楼上匾额（图 9-23）：

补读旧书楼

补读古书处。

图 9-23　补读旧书楼

行楷。款识"按旧志所载，此楼原有匾额为道光殿撰公张之万所书，今按原额补之。丙戌夏月崔护。"

楼上对联（图 9-24）：

清闷云林题阁；
英光米老名斋。

倪云林清闷阁藏法书名画，米元章英光斋藏古书晋帖。

清代翁方纲撰书。行书。翁方纲（1733—1818 年），字正三，一字忠叙，号覃溪，晚号苏斋。顺天大兴（今北京大兴）人，清代书法家、文学家、金石学家。乾隆十七年（1752 年）进士，官至内阁大学士。精通金石、谱录、书画、词章之学，书法与同时的刘墉、梁同书、王文治齐名。书法笔法谨守法度，讲究无一笔无出处；行书是典型的传统帖学风格。连贯柔和，不急不躁，循规蹈矩，不失大家风范。

图 9-24　楼上对联

楼下匾额（图 9-25）：

城曲草堂

城角边的清贫之屋。取意唐代李贺《石城晓》"女牛渡天河，柳烟满城曲"。

行草。款署"戊辰之夏山舟梁同书"。梁同书（1723—1815 年），字元颖，号山舟，晚年自许不翁、新吾长翁，钱塘（今浙江杭州）人。清乾隆进士，官至翰林院侍讲。书法兼数人之长。师法赵、颜，出入苏、米，笔力纵横，纯任自然，自立一家。与刘墉、翁方纲、王文治并称"清四家"，又与梁巘齐名，有"南北二梁"之称。

对联（图 9-25）：

卧石听涛，满衫松色；
开门看雨，一片蕉声。

静卧山石，听风吹松林，松涛阵阵，衣衫上映满了苍松翠色；开门看下雨，听到芭蕉叶上一片潇潇的雨声。

款署"庚申夏月，白云楼主郑定忠"。

图 9-25　楼下匾额（城曲草堂）

八、双照楼

匾额（图 9-26）：

双照楼

图 9-26　双照楼

夫妇隐居学道之楼。取梁王僧孺《忏悔礼佛文》："道之所贵，空有兼忘，行之所重，真假双照"之意。"照"即"明"，"双照"可指夫妇在此隐居学道、双双明道之意。

楷书。无款。

九、安乐国

匾额：

安乐国 [①]

取宋代理学家邵雍所居"安乐窝"之意。邵雍有《安乐窝铭》。此表示超脱名缰利锁，隐退山林之志。

十、还砚斋

匾额（图 9-27）：

还砚斋

图 9-27 还砚斋

名砚失而复得。

楷书。款识"谭建丞"。原有俞樾篆书题匾，有款识曰："东甫先生（名炳震）为吾郡老辈，生平致力于经学、史学、小学，实为乾嘉学派导其先河，莫年所用一砚，久已失之，今为其元孙仲而复廉访所得，因以

① 匾额已佚。

名斋。"谭建丞（1898—1995 年），原名钧，号澄园，浙江湖州人。浙江省文史研究馆馆员，湖州书画院院长。

对联（图 9-28）：

闲中觅伴书为上；
身外无求睡最安。

图 9-28　对联

闲来无事寻觅《易》书作为伴侣，身外无功利欲求睡觉最为安稳。出自明代陈继儒《醉古堂剑扫卷五·集素》。

石庵居士刘墉撰书。刘墉（1720—1805 年），字崇如，号石庵，另有青原、香岩、东武、穆庵、溟华、日观峰道人等字号，清朝政治家、书法家，谥号文清。父亲刘统勋是清乾隆年间重臣。乾隆十六年（1751 年）中进士，官至内阁大学士，以奉公守法、清正廉洁闻名于世。刘墉的书法造诣深厚，是清代著名的帖学大家，被世人称为"浓墨宰相"。

上联跋"刘石庵相国一生忠正，为国为民，两袖清风，故谥之曰文清。其书法之妙，盖由颜鲁公、苏文忠公两家所来也，当与翁潭溪学士齐名，国朝书家以翁、刘、梁、王为四大家，信无虚语耳！叔未张廷济题。"

下联跋："刘文清公书法从苏髯翁遗意而来，兼及颜平原，而笔端变化不愧为四大家中第二也。此联益见精妙，泂为鉴赏者争宝之。丙辰暮春三月既望后三日。题于浮翠山房，归安吴云跋。"

十一、受月池

摩崖（图 9-29）：

受月池 [①]

水池泻满月光。反唐代李商隐诗《戏赠张书记》"池光不受月"句意。清代程章华《涉园记》载："跨虹而南，三面皆临流。先生凿池引流，以通其中。"（图 9-30）受月池 [①] 凿于清初涉园时，在墙垣处仍能见到留存的水口，是苏州园林中目前唯一一座仍与城市内河水系相连的。

① 《留园志》云："（宛虹杠）近处水池西北的假山绝壁上，刻有隶书'受月池'三字，现因水位升高，没入水下。"

图 9-29 受月池

十二、望月亭

匾额（图 9-30）：

望月

仰望明月。临水而筑，为观赏受月池中月色美景。月亮是女性魅力的象征，《诗经》中就有以"东方之月"形容女子的，在东花园（震卦位，象征春天、长男）中建望月亭等，也表达了男主人对女主人的依恋。

行草。无款。

图 9-30 望月亭匾

十三、吾爱亭

匾额（图 9-31）：

吾爱亭

我爱我的草庐，取晋代陶渊明《读山海经·孟夏草木长》"众鸟欣有托，吾亦爱吾庐"诗意。

吴进贤书额。隶书。

图 9-31 吾爱亭匾

十四、宛虹杠

桥额（图 9-32）：

宛虹杠

屈曲如虹之桥。

隶书。无款。字未描，位于柱形栏杆上。

图 9-32　宛虹杠

十五、山水间

匾额（图 9-33）：

山水间

在山水之间。匾额下有大型鸡翅木雕落地罩，传为明代遗物，系从他处移来，刘敦桢《苏州古典园林》载："水阁'山水间'内'岁寒三友'落地罩雕刻精美，规模较大，为苏州各园之冠。"更难得的是此落地罩雕刻图案的内涵，与

图 9-33　山水间匾

"山水间"这个景点所蕴蓄的内涵契合无隙。

沈荃书额。沈荃（1624—1684年），字贞蕤，号绎堂，别号充斋，华亭（今上海松江）人。顺治九年（1652年）中探花，授编修，累官詹事府詹事、翰林院侍读学士、礼部侍郎。卒谥文恪。为人经述深湛，喜奖拔后进，颇为时重。《江南通志》评："荃学行醇洁，书法尤推独步。"书法宗法米、董二家，书风雍容闲雅，深得康熙帝赏识，尝召至内廷论书，"凡御制碑版及殿廷屏障御座箴铭，辄命公书之。"（方苞《望溪集外文》）为康熙帝书法代笔人之一。著有《一研斋诗集》十六卷、《充斋集》《沈绎堂诗》等。

对联（图 9-34）：

> 佳耦记当年，林下清风绝尘俗；
> 名园添胜概，门前流水枕轩楹。

曾记得当年伉俪在此闲雅风流，超绝尘俗；名园增添了美景，楼台亭阁，枕着门前碧水。

李圣和撰句并书。李圣和（1908—2001年），原名惠，别号印沧老人，江苏扬州人，生于诗书名门，幼年在父亲的教导下学习书法、绘画，并钻研古典文学，尤工诗词，有诗书画"三绝"和"扬州女才子"之称。画宗宋元，兼师南田、新罗，并受"扬州八怪"影响，汇而融之，独具一格。工笔、写意兼长。工笔勾勒精细，浓描淡写，柔中寓刚，着色浑厚，染晕自如。写意笔墨清秀苍润，用色洁净明丽。书法精于楷隶。楷书圆劲遒逸，隶书沉着浑厚。面对其书，古拙灵秀，清气徐来。曾任江苏省第五届政协委员，中国书法家协会会员。著有《李圣和诗书画集》《李圣和诗词集》等。

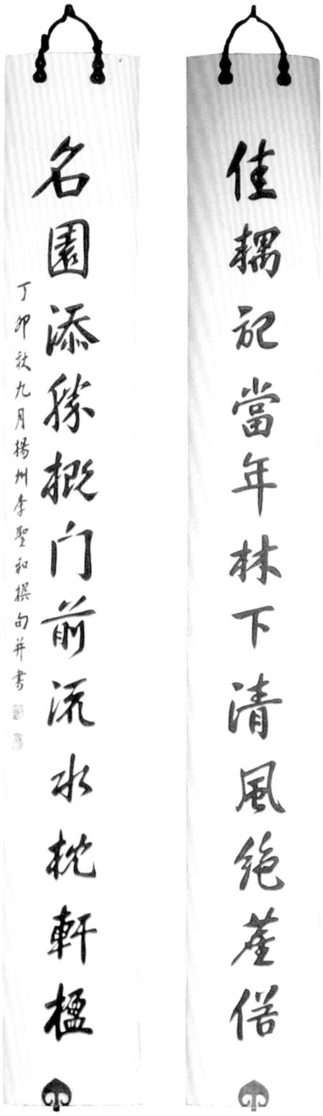

十六、联廊两小楼

东小楼楼上匾额（图9-35）：

听橹楼

卧听楼外内城河中的摇橹声。取宋代陆游《发丈亭》："参差邻舫一时发，卧听满江柔橹声"诗意。此楼位于东花园东南隅，临近城壕，外隔娄江，可听到阵阵摇橹之声（图9-36）。

许宝骙书。楷书。许宝骙（1909—2001年），又名许介君，浙江杭州人。1932年毕业于燕京大学哲学系，后在广州、北京多所大学任教。是"中国民主革命同盟"的重要发起人之一，曾任民革中央宣传部副部长、团结报社社长。

图9-34 对联

图9-35 东小楼楼上匾额（听橹楼）

图 9-36 听橹楼

图 9-37 东小楼楼下匾额（便静宧）

东小楼楼下匾额（图 9-37）：

便静宧

"便静"即入静之意，"宧"，同"颐"，平和，颐养精神，宜于静静地颐养精神之所。一说宧指东北隅，耦园位于苏州城东北，故名。

徐穆如书额。篆书。

西小楼匾额：

魁星阁^①

科举夺魁高中之阁。"魁星"为二十八星宿之一，俗称"奎星"，主宰文章兴衰之神。"魁星阁"与"听橹楼"，一低一高，通过阁道相通，互相依偎之状犹如情侣佳偶，是神来之"筑"（图 9-38）。

① 匾额已佚。

图 9-38　魁星阁与听橹楼依偎

十七、黄石假山

主山峰顶石刻（图 9-39）：

留云岫

图 9-39　留云岫

留住行云之峰，形容山之高峻。写意夸张式题咏。取古乐章"留云借月"之意。山顶建有石室名"搅云洞"，搅动云霞之洞室。

隶书。无款。字未描。

副山石刻（图 9-40）：

桃屿

长满桃树的山屿。山上有平台，置石桌、石凳。想象性题咏。

隶书。无款。字未描。

主、副两山间谷道石刻（图 9-41）：

邃谷

深奥幽邃的峡谷。

图 9-40 桃屿

图 9-41 邃谷

第三节

西花园

一、西门厅

匾额：

纫兰室[1]

佩带兰草。女主人严永华曾用"纫兰"名书房，诗集也用"纫兰"为名。取《楚辞·离骚》："扈江离与辟芷兮，纫秋兰以为佩""纫兰"用来比喻人品高洁。古人又有"兰客""兰交""义结金兰"等说，"纫兰"可视为夫妇知音好友。

二、西花园书房

匾额（图9-42）：

织帘老屋

图9-42 西花园书房匾额（织帘老屋）

边织竹帘边读书的老屋。出自《南齐书·卷五十四》沈骥士本传。清何绍基书额。隶书。

对联之一（图9-43）：

织帘高士传家法；

卜筑平泉负令名。

边织竹帘边读书的南朝沈高士传下家法，沈家后裔卜居此地、叠

图 9-43 中堂对联之一

石疏流，有很美的名声。

王西野撰，吴进贤书。

对联之二（图 9-44）：

> 涧道余寒历冰雪；
> 洞口经春长薜萝。

涧水边的小道经历了冬日冰雪以后还留有寒气，山洞口经过春天长满薜荔和藤萝。出句取杜甫《题张氏隐居》诗，对句出杜甫《即事》（一作《天畔》）诗。

左宗棠书。左宗棠（1812—1885年），字季高，一字朴存，湖南湘阴人，清道光十二年（1832年）中举人，后为晚清重臣，洋务派重要代表人物，官至东阁大学士、军机大臣，封二等恪靖侯，其诗、书、文均佳，但少传于世。

飞罩题额（图 9-45、图 9-46）：

怡然自得　清泉洗心

图 9-44　对联之二

耦园（清）

图 9-45　飞罩"怡然自得"

图 9-46　飞罩"清泉洗心"

安适满足。取陶渊明《饮酒》诗意。清洌的泉水可以洗涤心灵，恬静的心况可以陶冶情操。题额给人以山林野逸、自然忘机的美感。

"怡然自得"，吴溁书额。"清泉洗心"，沧浪书屋程远书。

书房西北侧小屋匾额：

心耕簃 ①

大屋旁的小屋叫"簃"，"心耕"就是写诗作文，取意严永华《偶赋春壶斋叔弟见和叠韵酬之》诗："砚田有岁占丰稔，毕竟心耕胜耦耕。"

三、鹤寿亭

匾额（图9-47）：

鹤寿亭

图 9-47　鹤寿亭匾

如鹤之长寿之亭。鹤寿亭当为倚廊西向半亭，内两侧廊壁有两孔拟日纹花窗，含夫妻"双双"鹤寿之意。今误将"鹤寿亭"匾挂于织帘老屋东方亭内，实属错误。男主人沈秉成在镇江做知府时曾得《瘗鹤铭》拓片，较所藏多出"鹤""寿"二字，笃爱之，特筑亭记之。

吴溁书，行楷。

① 匾额暂缺。

匾额:

鲽砚庐 ①

　　鲽砚，比目鱼形汧阳石，制为双砚台，传说是男主人沈秉成在京师所得，双砚夫妇分用之，名书画斋"鲽砚庐"。沈氏藏书极其丰富，有"万卷图书传世富"之句。

---

① 匾额暂缺。

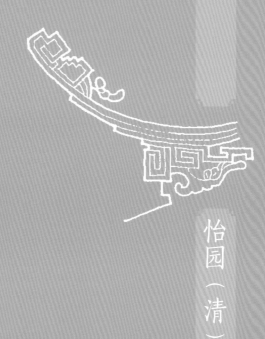

怡园（清）

怡园位于苏州市人民路1265号，全园占地面积约六千平方米，园分东、西两部，中隔复廊。园始建于清同治十三年（1874年）。园中丘壑，出于园主顾文彬及其子画家顾承（号乐泉）之营构，有任薰（字阜长）、顾沄、王石香、程庭鹭等画家参与设计。园有集锦之妙构，昔日园有"五多"之称，"五多"，即湖石多、白皮松多、楹联多（怡园对联都由园主顾文彬自集于宋元词，编集成《眉绿楼词联》一书，由当时书法家分写）、小动物多、胜会多（诗会、画会、曲会、琴会）。

等闲行尽长廊

园门·照墙

砖额（图10-1、图10-2）：

怡园

怡，和悦、愉快。园主顾文彬给其子顾承的信中解释说："在我则可自怡，在汝则为怡亲。"清代俞樾《怡园记》曰："以颐性养寿，是曰怡园。"园名取"自怡悦"和"怡悦父母亲"之意，闪烁着东方人伦之美。

园门为楷书，照壁为篆书，均无款识。

图 10-1　园门砖额
（怡园）

图 10-2　照墙砖额
（怡园）

第一节

东部

一、玉延亭

匾额（图 10-3）：

玉延亭

风吹竹林，声音清脆悦耳，一顶笠帽招来爽气，清凉的风洒然而至。有行书长跋："艮庵主人雅志林壑，宦退后于居室之偏，因明吴尚书'复园'故址为'怡园'。①既更拓园，东地筑小亭，割地植竹，仍'复园'旧榜曰'玉延'。主人友竹不俗，竹庇主人不孤。万竿夏玉，一笠延秋，洒然清风，不学涪翁咒笋已。"吴尚书，即吴宽。涪翁，黄庭坚别号。

涪翁咒笋，指黄庭坚《戏赠彦深》诗："葱秧青青葵甲绿，早韭晚菘羹糁熟。充虚解战赖汤饼，笔以荓蘛与甘菊。几日怜槐已著花，一心咒笋莫成竹。""玉延"为山药的别名，明吴宽复园园中有亭名"玉延"，周植山药，吴宽自号"玉延亭主"。这里沿用了旧名而改其意，移山药为竹，以竹为友，主人清高不俗，竹伴着主人也不孤单。

篆书。款识"壬午孟夏萧山汤纪尚谨署"。汤纪尚（1850—1900年），字伯述，浙江萧山人，晚清书画家。著有《槃薖文甲集》。

石对（图 10-4）：

静坐参众妙；
清谭适我情。

---

① 一说非也，吴宽复园在京城。

图 10-3　玉延亭　　　　图 10-4　玉延亭书条石

静静地坐着细细研讨各种深微的道理，悟出妙趣。取自唐代李白《浔阳紫极宫感秋作》中的"静坐观众妙，浩然媚幽独"。禅理的论辩使我感到愉悦，"清谭"，即"清谈"。

明代董其昌撰书。草书。清康熙曾在《跋董其昌墨迹后》中评价道："华亭董其昌书法，天姿迥异。其高秀圆润之致，流行于褚墨间，非诸家所能及也。每于若不经意处，丰神独绝，如微云卷舒，清风飘拂，尤得天然之趣。尝观其结构字体，皆源于晋人……其昌渊源合一，故摹诸子辄得其意，而秀润之气，独时见本色。草书亦纵横排宕有致，朕甚心赏。其用墨之妙，浓淡相间，更为绝。临摹最多，每谓天姿功力俱优，良不易也。"

石刻（图 10-5）：

天眼

图 10-5 "天眼"水井

《大智度论》卷五："于眼，得色界四大造清净色，是名天眼。天眼所见，自地及下地六道中众生诸物，若近，若远，若麤，若细，诸色无不能照。"井栏形制内圆外六角，以"天眼"名井，蕴含禅理。

潘奕隽书。隶书。

二、四时潇洒亭

匾额（图 10-6）：

四时潇洒亭

图 10-6　四时潇洒亭

四季均可观赏清高脱俗、潇洒可爱的竹子之亭。《宣和画谱》云："宋宗室令庇，善画墨竹，凡落笔，潇洒可爱。"

隶书。款署"丁敬身书"。丁敬（1695—1765 年），字敬身，号钝丁、砚林，别号龙泓山人、孤云、石叟、梅农、清梦生、玩茶翁、玩茶叟、砚林外史、胜怠老人、孤云石叟、独游杖者等，清代书画家、篆刻家。浙江杭州人。嗜好金石文字，工诗善画，所画梅笔意苍秀。尤精篆刻，擅长切刀法，为"浙派篆刻"开山鼻祖，"西泠八家"之首。著有《武林金石记》《砚林诗集》《砚林印存》《寿寿初稽》等。

砖刻（图 10-7）：

隔尘

隔断世俗风尘。

隶书。款署"吴云"。

图 10-7　砖刻（隔尘）

三、石舫

匾额（图 10-8）：

绕遍回廊还独坐 ^①

图 10-8　石舫匾（绕遍回廊还独坐）

绕遍回廊回来独坐于此，廊尽头也。取宋代苏轼《蝶恋花》十五首之十二词："绕遍回廊还独坐。月笼云暗重门锁。"

篆书。款署"光绪纪元仲冬月香禅居士书"。香禅居士即潘钟瑞。

对联（图 10-9）：

室雅何须大；
花香不在多。

图 10-9　石舫对联

---

① 此匾原为回廊尽处的亭额，现悬石舫西壁。

房屋雅致不必大，花香浓郁不在多。原为镇江焦山顶别峰庵郑板桥读书处门联。

清代郑板桥撰书。

四、锁绿轩

匾额（图 10-10）：

锁绿轩

图 10-10　锁绿轩匾

锁住西部绿色之轩。取宋代张炎《壶中天·养拙园夜饮》"正繁阴闲锁，一壶幽绿"词意。

行书。款署"允明"，集明代祝枝山字。

五、坡仙琴馆

匾额（图 10-11）：

坡仙琴馆

坡仙，指宋代大文学家苏轼，字东坡，后人称他为坡仙。园主顾氏曾在此室悬挂过苏轼的玉涧流泉古琴，并供奉苏轼笠屐图像[①]（图 10-12），以示敬仰。有行书跋曰："昔贤谓琴者禁也。所以禁淫邪，正人心也。艮庵主人以哲嗣乐泉茂才工病，思有以陶养其性情，使之学习。乐泉颖悟，不数月，指法精进。一日，客持古琴求售，试之声清越，审其款识，乃元祐四年东坡居士监制，一时吴中知音皆诧为奇遇。艮庵喜，名其斋曰'坡仙琴馆'，属余书之，并叙其缘起。"

隶书。款署"同治八年正月退楼弟吴云"。

---

① 顾文彬《哭三子乐全》诗曰："筑屋藏琴宝大苏，峨冠博带象新摹。一僮手捧焦桐侍，窀穸全翻笠屐图。"图像应为苏轼笠屐图，而不是现在馆内悬的"东坡先生小像"图。

图 10-11　坡仙琴馆

图 10-12　苏轼笠履图像

对联（图 10-13）：

侧同仙人居水木明瑟；

遂存往古务冬夏播琴。[1]

怡园（清）

景色清爽洁净，仙人居住在旁侧；冬夏播种，贤士风范永驻。上联出自南朝宋颜延之《赠王太常》、北魏郦道元《水经注·济水》；下联出自晋代卢谌《赠崔温》和《山海经·海内经》。

隶书。款署"印匀何屿"。"匀"同"丐"。第一方印章"子万"。清代何屿，字子万、子卬，号紫曼、印丐，江苏松江（今上海松江）人。工铁笔，善篆隶，皆有古趣。存世著作有《何子万印谱》。

六、琴室

匾额（图 10-14）：

石听琴室

清光绪丙子年（1876 年）冬天，顾文彬得覃溪学士（即翁方纲）书"石听琴室"旧额，故将原额作新，并亲自题跋，挂于此室。跋云："生公说法，顽石点头，少文抚琴，众山响应，琴固灵物，石亦非顽。儿子承于坡仙琴馆，操缦学弄，庭中石丈有如伛偻老人作俯首听琴状，殆不能言而能听者耶！覃溪学士此额情景宛合，先得我心者。急付手民以榜我庐。

光绪二年，岁次丙子季冬之月，怡园主人识。"此室北窗下有二峰石犹如抽象雕塑：一石直立似中年，一石伛偻若老人，似乎都在俯首听琴。（图 10-15）额点出了这一意境，趣味横生。

行书。清代翁方纲书。

图 10-13 对联

图 10-14 石听琴室

[1] 此联不在《眉绿楼词联》中。此馆旧有对联："素壁有琴藏太古；虚窗留月坐清宵"，全咏此馆本事。曾悬对联："步翠麓崎岖，乱石穿空，新松暗老；抱素琴独向，绮窗学弄，旧曲重闻"，全联集自宋苏轼词。

图 10-15　琴室北窗下听琴石

对联（图 10-16）：

素壁写归来，画舫行斋，细雨斜风时候；
瑶琴才听彻，钧天广乐，高山流水知音。

出句：白粉墙上写上《归去来兮辞》，画舫徐徐前行，斜风吹着细雨的时候。出自宋代辛弃疾《水调歌头·再用韵答李子永提干》《沁园春·伫立潇湘》《西江月·三山作》三词。

对句：一曲瑶琴刚刚听完撤去，犹如在天庭最高处为我奏起的音乐，令人神怡，高山流水堪称知音。出自宋代辛弃疾《谒金门·山吐月》《千年调·开山径得石壁》《西江月·和赵晋臣敷文赋秋水瀑泉》三词。

邓云乡书。楷书。

图 10-16　对联

七、玉虹亭

匾额（图10-17）：

玉虹

图 10-17　玉虹

　　玉色长虹。取宋代吴文英"亭上玉虹腰冷"和宋代陆游"落涧奔泉舞玉虹"诗意。题记云："'亭上玉虹腰冷'，吴梦窗词句也。此亭半倚廊腰，平临槛曲，怡园主人摘取'玉虹'二字名之。属余记其缘起。"此亭南对石听琴室，有高山流水和落涧奔泉的意境。亭内壁间嵌元吴仲圭画竹石刻（图10-18）。

　　隶书。陆凤墀书。陆凤墀，字芝山，浙江海盐诸生，工分隶，精镌碑版。

图 10-18　元吴仲圭画竹石刻

八、拜石轩·岁寒草庐

北轩匾额（图10-19）：

拜石轩

图 10-19　北轩匾额（拜石轩）

　　取北宋米芾（元章）拜石之意。米元章不以石奇可游，而以之为兄，赋石以人格。轩北庭院里有怪石，因为形似"笑"字，又称"笑"字峰，上有苍谷题名行书石刻"东安中峰"，太湖石高 350（含座）厘米，宽 135 厘米，厚 75 厘米，峰窍嵌空，峻立通透，线条温润柔美，顾盼有神，又如古树倒垂，云霞横出，幻为奇观（图 10-20）。

　　张星槎书额。张星槎（1905—1992 年），原名华奎，祖籍江苏南京，生于贵阳，著名书法家、诗人。擅长行草，以大字见长，气势磅薄，风格独特，人称"星槎体"。

图 10-20　怪石"东安中峰"

南轩匾额（图 10-21）：

岁寒草庐

图 10-21　南轩匾额（岁寒草庐）

　　四季常青之屋，取意《论语·子罕》所云"岁寒，然后知松柏之后凋也"之句。额寓哲理于其中。岁寒草庐前庭遍植松柏、冬青、方竹、梅花、山茶等，皆为经冬不凋、四季常青类的花木（图 10-22）。

　　园主顾文彬书额。顾文彬（1811—1889 年），字蔚如，号子山，晚号艮盦，一为艮庵。元和（今江苏苏州）人。清道光二十一年（1841 年）进士，官浙江

图 10-22　岁寒草庐前庭

宁绍道台。自幼喜爱书画，娴于诗词，尤以词名。工于书法，书法溯源欧、褚。酷爱收藏，"自唐宋元明清诸家名迹，力所能致者，靡不搜罗"。在怡园中建"过云楼"，收藏古代金石书画，名迹甲吴下。精于鉴别书画，考辨多精审。所藏碑版卷轴，乌阑小字，题识殆遍。有《过云楼书画记》详为述录。

南轩西侧门宕砖额（图 10-23、图 10-24）：

延月（面东） 春先（面西）

图 10-23 延月（面东）

图 10-24 春先（面西）

延请明月。春光最先得。出自明代康从里《曲池草堂和韵为项思尧赋》："松寒延月早，花艳得春先。""春先"面朝梅林。

"延月"，行书。"春先"，楷书。均无款识。

第二节

西部

一、月洞门

东西砖额（图 10-25、图 10-26 ）：

迎风　挹爽

"迎风"，日出东方，东风化雨，用"迎"。"挹爽"西向，爽气可摆脱俗事缠绕，"挹"即作揖，取自晋人王子猷"西山朝来，致有爽气"（见《世说新语·简傲》）。

图 10-25　迎风

汪星伯书额。"迎风"，隶书。"挹爽"，篆书。

月洞门西石峰篆刻（图10-27）：

承露茎

承接天上露水的柱子。取意汉武帝作铜柱承露。

图 10-26 挹爽

图 10-27 承露茎

二、六角亭

匾额（图 10-28）：

小沧浪

沧浪，本指汉水，后因渔夫《沧浪歌》喻避世隐身之地。小亭高居假山之巅，南临碧池。

文徵明体。

图 10-28　六角亭匾（小沧浪）

亭西南峰石篆刻（图 10-29）：

听松

聆听松风，效法陶弘景听松风的雅举。怡园北面原有松林，在小沧浪亭周围还留有松树。

图 10-29　听松

三、石屏

篆刻摩崖（图 10-30）：

屏风三叠

屏风三叠指石形。跋曰："山谷老人题石语。""山谷"即宋代诗人黄庭坚，字鲁直，自号山谷道人。

原系俞樾移题，后损坏，1982 年谢孝思补书。跋语为行书。

图 10-30　屏风三叠

四、山洞

篆刻摩崖（图 10-31）：

慈云

比喻佛之慈心广大，犹如大云覆盖世界众生。俞樾《怡园记》曰："得一洞，有石天然如大士像，是曰：'慈云洞'。洞中石桌石凳咸具，石乳下注磊磊然。"大士，为佛教称谓，音译为"摩诃萨"，意指"伟大的人"，此指石观音像。观音菩萨大慈大悲，能观察世间众生的心声并救拔其苦，故名"慈云洞"。

篆刻摩崖（图 10-32）：

绛霞

绛红色的云霞。俞樾《怡园记》曰："洞外多桃花，是曰'绛霞洞'。"

怡园（清）

图 10-31　慈云洞

图 10-32　绛霞洞

五、螺髻亭

匾额（图 10-33）：

螺髻亭

图 10-33　螺髻亭匾

像螺壳状发髻的小亭。宋代苏轼有"乱峰螺髻出，绝涧阵云崩"诗。此亭位于慈云洞顶石山的最高处，盘旋而上，如美人头上绾着的螺形发髻，亭周环以奇花艳葩，如美人拈花微笑，妩媚动人（图 10-34）。

田遨书额。行书。

图 10-34　螺髻亭

六、抱绿湾

对联：

怡园（清）

一泓澄绿，两峡崭岩，浸云窜水边春水；

石磴飞梁，寒泉幽谷，似钴鉧潭西小潭。[①]

一泓澄净碧绿的池水，两边的山峰险峻，倒影浸在云窜水边的春水中；石头台阶，飞架在峰间的小桥，冷泉幽谷，好似钴鉧潭（位于永州，柳宗元有诗）西的小水潭。出句集自辛弃疾词《满江红·山居即事》和《满江红·游清风峡和赵晋臣敷文韵》。对句集自金张雨《木兰花慢·和马昂夫》《狮儿词·含香弄粉》和《太常引·浴鹄湾有咏写奉易玄》。抱绿湾为池水中部一段名称，此地有出自画舫斋下的泉水潺潺而东汇成的溪流，水边假山峭岩，幽深凄寒，上覆古藤翠萝，满目皆翠，对联描写了此地的景致（图10-35）。

① 对联已佚。

图 10-35　抱绿湾

七、金粟亭

匾额（图 10-36）：

云外筑婆娑

高处桂树起舞弄影。辛弃疾《水调歌头·万事一杯酒》曰："杜陵有客，刚赋云外筑婆娑。"亭周遍植桂树，因其花蕊如金粟点缀枝头，故名金粟亭，风吹桂树，树枝摇摆起舞，因名"云外筑婆娑"。

原为清代沈锡华书，今华人德补书。沈锡华（？—1879 年），字问梅，浙江海宁人，历任吴县、吴江、长洲、元和、震泽、常熟知县，声誉卓著，民间称为"明白清官"。华人德，1947 年生，江苏无锡人，斋号维摩方丈室，中国书法家协会会员。书法初由颜体入手，继学柳体、赵体，后得王能父指点溯源而上，学隋《龙藏寺碑》得萧散之韵，学北魏墓志十数种得紧密之构，学汉之《石门颂》《张迁碑》诸碑刻得朴茂之气，又从简秦《广武将军碑》得生动之趣。北京大学读书期间又遍观图书馆所藏金石拓片，由是书艺日进，习用长锋羊毫喜以大笔作大字，所作隶书紧结而开张，结体堂皇严正，行书从隶书出，字间疏朗，计白当黑，质朴沉静，篆书取法两汉鼎钫灯洗铭文，别具意趣。

图 10-36　金粟亭匾（云外筑婆娑）

八、鸳鸯厅

北半厅匾额（图 10-37）：

怡园（清）

图 10-37　北半厅匾（藕香榭）

荷花芳香的水榭。榭前有平台临池，池中原植"台莲"，红白相间，花体硕大，颜色绚丽，是夏日赏荷佳处（图 10-38）。

顾廷龙书额。行书。

图 10-38　藕香榭

北半厅对联之一（图 10-39）：

　　　　　　　　　　　　　与古为新杳霭流玉；
　　　　　　　　　　　　　犹春于绿荏苒在衣。

　　富有创造者永远可以不断出新，玉带似的袅袅烟云飘荡在远山顶上，沁人心脾的悠悠花香四处弥漫。绿油油的好似春天的原野，和煦的馨风轻轻地拂动我的衣袂。全联取自唐代司空图《诗品》。

怡园主人顾文彬撰书。

北半厅对联之二（图 10-40）：

① 原有顾鹤逸书隶书匾额"可自怡斋"，取顾文彬"在我则可自怡"意，本梁时陶弘景《诏问山中何所有赋诗以答》诗："山中何所有？岭上多白云。只可自怡悦，不堪持赠君。"顾鹤逸（1865—1930 年），名麟士，别署西津、鹤庐等。顾文彬之孙，顾承之子。擅长山水，精鉴别，创画社于怡园。

图 10-39　北半厅对联之一

图 10-40　北半厅对联之二

水云乡，松菊径，鸥鸟伴，凤凰巢，醉月吟鞭，烟雨偏宜晴亦好；

盘谷序，辋川图，谪仙诗，居士谱，酒群花队，主人起舞客高歌。

　　云水漫漫松菊为路，与鸥鸟作伴，有凤凰来此筑巢，二三知己结成诗酒社，锦囊诗卷长留，像韩愈《盘谷序》、王维《辋川图》中美景，如谪仙人李太白的诗、东坡居士所填词，美酒鲜花组成仪仗，客人高歌，主人起舞，真如神仙也似的生活！

　　出句集自南宋辛弃疾词，从《鹧鸪天·欹枕婆娑两鬓霜》《满江红·绝代佳人》《水调歌头·造物故豪纵》《雨中花慢·马上三上》等词中集出。

　　钱太初补书。

南半厅匾额（图 10-41）：

梅花厅事①

　　赏梅花的堂屋。厅前筑湖石花坛植牡丹，花台以东植有梅林，为早春赏梅佳处，故名。

① 原有何绍基书的匾额"自锄明月种梅花"，又名"锄月轩"，旧匾额已佚。

许宝骙补书。楷书。跋语曰："先外曾祖曲园俞公《怡园记》中谓，藕花水榭南向旧有此额，今失去，敬为补书。"

图 10-41　南半厅匾（梅花厅事）

九、南雪亭

匾额（图 10-42）：

南雪

图 10-42　南雪亭匾（南雪）

南方飞雪。此指梅花。有跋云："周草窗云，昔潘庭坚约社员剧饮于南雪亭梅花下，传为美谈。今艮庵主人新辟怡园，建一亭于中，种梅多处，亦颜此二字，意盖续南宋之佳会。而泉石竹树之胜，恐前或未逮也。"

瓦翁 1991 年补书。行书。

十、碧梧栖凤馆

匾额（图 10-43）：

碧梧栖凤

图 10-43　碧梧栖凤馆匾（碧梧栖凤）

凤凰栖息在碧绿的梧桐树上。唐代白居易《初入峡有感》中有"栖凤安于梧，潜鱼乐于藻"之诗句。有行书跋云："新桐初引，么凤迟来，徙倚绿阴，渺渺兮予怀也。"

隶书。款署"怡园主人属书，光绪丁丑仲春仁和吴观乐"。吴观乐，浙江仁和（今浙江杭州）人，清政治人物，曾于 1879 年接替徐炳奎任南汇县知县一职。

馆前洞门砖额（图 10-44、图 10-45）：

窈窕　遯窟

图 10-44　窈窕

图 10-45　遯窟

"窈窕"，幽深之意。"遯"同"遁"，为《易经》六十四卦之一，艮下乾上，遯为退避之意。"遯窟"，洁身退隐，优游事外，即君子以远小人之门，表示园主的品格。

"窈窕"，钱培鑫补书。"遯窟"，谢孝思补书。均为行书。

十一、院西小屋

匾额：

旧时月色[①]

从前那皎洁的月光。取宋代姜夔《暗香·旧时月色》词："旧时月色，算几番照我，梅边吹笛。"此屋处于鸳鸯厅西南，窗朝梅林。

清代俞樾书额。跋曰："艮庵主人于怡园筑屋，遍植梅花，摘姜白石词句，颜曰'旧时月色'，属余书之。予吴下寓园，适与怡园相邻，乐天诗云'明月好同三径夜'。然则怡园中月色良有以也。"

十二、面壁亭

匾额（图 10-46）：

面壁

图 10-46　面壁亭匾（面壁）

"面壁"，取禅宗第一祖菩提达摩来到中国，寓居嵩山少林寺，面壁十年坐禅念经的传说。这是一种精神修炼法。此亭面对石壁，中悬一大镜，映照着对面螺髻亭的景色，有"卷幔山泉入镜中""溪光合向镜中看"的佳境妙趣，同时也增添了园景的层次，是化虚为实的一种艺术手法（图 10-47）。

吴大澂书额。篆书。

对联（图 10-48）：

扫地焚香无俗韵；

清风明月有禅心。

---

① 匾额已佚。

图 10-47　面壁亭

图 10-48　对联

扫地焚香等都是修行，所以没有俗世的情味；清风明月等自然万物都含蕴着佛性。

曲园俞樾书。

十三、画舫斋（松籁阁）

舫舱匾额（图10-49）：

图10-49　舫斋赖有小溪山

舫斋赖有小溪山

取宋代黄庭坚《次韵寄滑州舅氏》诗："舫斋闻有小溪山，便是壶公谪处天。"这是一只三面临水的画舫斋，模仿拙政园香洲，画舫斋下泉水潺潺，故名。

隶书。款署"怡园主人雅正，归安沈秉成"。沈秉成（1823—1895年），字仲复，自号耦园主人，浙江归安（今浙江湖州）人。清咸丰六年（1856年）进士，改庶吉士，授编修，光绪甲申，徵拜京兆尹，旋擢内阁学士，巡抚广西，复迁安徽。他工诗文书法，精鉴赏，收藏金石鼎彝、法书名画，美富一时。著有《蚕桑辑要》。

头舱内额（图10-50）：

碧涧之曲古松之阴

清清的涧中溪水弯弯，碧荫荫一片松林，浓荫遮地。取唐代司空图《廿四诗品·实境》："清涧之曲，碧松之阴。一客荷樵，一客听琴。"状景额，画舫斋（松籁阁）北面有松林。

图10-50　碧涧之曲古松之阴

篆书。谢孝思 1983 年补书。跋曰："怡园画舫斋原有曲园老人篆书《诗品》'碧涧古松'句额。"曲园老人，即俞樾。

前舱竹质内柱联（图 10-51）：

> 长松百尺不自觉；
> 春江万斛若为量。

高大的松树并不觉得自己有多高，春江之水浩荡无垠无法衡量。集苏轼诗联。出句取苏轼《赵阅道高斋》"长松百尺不自觉，企而羡者蓬与蒿"。对句取苏轼《和沈立之留别二首》"试问别来愁几许，春江万斛若为量。"

外柱对联（图 10-52）：

> 松阴满涧闲飞鹤；
> 潭影通云暗上龙。

图 10-51　前舱竹质内柱联　　图 10-52　外柱对联

松阴洒满水涧，飞鹤悠闲；松枝虬干，浓阴泻地，悠悠飘浮在高空的彩云，倒影于深潭，潭影中间松影暗卧如龙神。集唐代卢纶《陈翃中丞东斋赋白玉簪》诗句成联。

款署"胡林翼"。胡林翼（1812—1861年），字贶生，号润芝，湖南益阳泉交河人。晚清中兴名臣之一，湘军重要首领，道光十六年（1836年）进士，授编修。擅联。

十四、顾氏家祠

匾额（图10-53）：

湛露堂①

图10-53　牡丹厅匾（湛露堂）

取《诗经·小雅·湛露》"湛湛露斯，匪阳不晞"意，意谓浓重的露水，没有阳光就不干，含有希望世泽久长之意。

此堂前庭种植牡丹，牡丹要置于阳光十分充足之处，不可种在积水地、阴湿地、瓦砾地，故于厅南庭院向阳作台，此厅亦称"牡丹厅"（图10-54）。

言恭达书额。言恭达（公达），江苏常熟人。1948年生，国家一级美术师。**中国书法家协会副主席**，中国书法家协会评审委员会委员、篆刻委员会主任，江苏省文联副主席、书记处书记。受业于著名书法家沙曼翁、宋文治先生。精多种书体，工篆刻，善绘画。

① 初曾悬匾额"看到子孙"额，已佚，意反取唐罗邺《牡丹诗》："落尽春红始见花，慢笼轻日护香霞。买栽池馆恐天地，看到子孙能几家？"

图10-54　湛露堂南庭

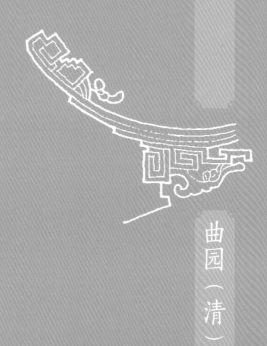

曲园（清）

　　曲园位于苏州市人民路西的马医科巷西首，宅园面积约为三点三三亩，花园占地一点五八亩，为晚清朴学大师俞樾的书斋花园。俞樾于清同治十三年（1874年）得友人资助，购得清代大学士潘世恩马医科巷旧宅废地，亲自规划筑室、筑园，曾将庭园布局写诗道："曲园虽褊小，亦颇具曲折：达斋认春轩，南北相隔绝。花木隐翳之，山石复崚屼。循山登其巅，小坐可玩月。其下一小池，游鳞出复没。右有曲水亭，红栏映清洌。左有回峰阁，阶下石凹凸。遵此石径行，又束出自穴。依依柳阴中，编竹补其阙。"①

春在一曲小园

园门

门宕砖刻（图11-1）：

曲园

图11-1　曲园

① 王稼句编注：《苏州园林历代文钞》，上海三联书店2008年版，第128页。

俞樾《曲园随笔》解释园名："其形曲，故名曲园。"地形如曲尺，似篆体"曲"字。"吾学公子荆，一苟万事足""率用卫公子荆法，以'苟'字为之。"亦含《老子》"曲则全"之意，即局部里包含整体。园额熔象形、抒情、写志、哲理于一炉，书条石上的篆体"曲园"是对园名的形象阐释（图11-2）。

图 11-2 篆体"曲园"

第一节

住宅

一、门厅

匾额（图 11-3）：

探花及第

图 11-3 探花及第

俞樾的长孙俞陛云（著名"红学"家俞平伯的父亲），戊戌科殿试第三（探花）。俞樾谓"科第重人，人重科第，愿吾孙勉之"。

二、轿厅

匾额（图 11-4）：

德清俞太史著书之庐①

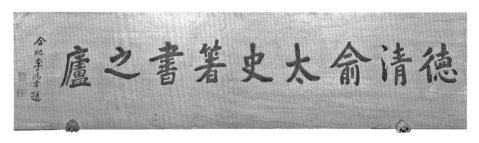

图 11-4　德清俞太史著书之庐

俞樾罢去河南学政后，即勤奋治学，著述达五百余卷。其座师曾国藩曾以"俞荫甫拼命著书"戏之。

款署"合肥李鸿章题"。李鸿章（1823—1901 年），本名章铜，字渐甫或子黻，号少荃（泉），晚年自号仪叟，别号省心，谥文忠。安徽合肥人。洋务运动的主要领导人之一，世人多尊称李中堂，亦称李合肥，晚清重臣，官至直隶总督兼北洋通商大臣，授文华殿大学士。与曾国藩、张之洞、左宗棠并称为"中兴四大名臣"。

对联（图 11-5）：

太史有书能著录；
子云于世不邀名。

太史俞樾写的书都有著录；扬子云著述宏富，但不求取世上虚名。此联系肃亲王所赠。将俞樾与西汉末年

图 11-5　对联

① 俞樾当年的读书处是在小竹里馆（前曲园），位于春在堂西南隅。

著名的辞赋家、哲学家扬雄并称。

三、门楼

砖额（图 11-6）：

金幹玉桢

图 11-6　门楼"金幹玉桢"

金玉满堂之意。"金""玉"，象征财富之多，引申称誉才学之富实，含喜庆吉祥之意。

四、主厅

匾额（图 11-7）：

乐知堂

俞樾在《曲园记》中说："取《周易》'乐天知命'之意，颜其厅事曰'乐知堂'，属彭雪琴侍郎而榜诸楣。"即安于天命而自乐。

顾廷龙补书额。篆书。

图 11-7　主厅匾（乐知堂）

抱柱联之一（图 11-8）：

　　　　三多以外有三多，多德多才多觉悟；
　　　　四美之先标四美，美名美寿美儿孙。

　　上联讲，多福（富）、多寿、多子孙这"三多"以外，还有"多德、多才、多觉悟"的"三多"；下联讲，在仁美、义美、忠美、信美这"四美"之先，还多出了"美名、美寿、美儿、美孙"这"四美"。

　　这是俞樾六十岁时自撰的寿联。

抱柱联之二（图 11-9）：

　　　　且住为佳，何必园林穷胜事；
　　　　集思广益，岂惟风月助清谈。

图 11-8　抱柱联之一　　　　　　图 11-9　抱柱联之二

上联写自己对宅园的要求，不必奢华，不求胜景之多，只要能住就行，淡泊明志，容膝自安，表现了一代学者的简朴。下联写治学及与文友切磋学问之乐，表现了一个勤奋学者的生活情趣。

俞樾撰，今为钱太初书。篆书。

五、春在堂

匾额（图11-10）：

春在堂

图 11-10　春在堂

俞樾在清道光三十年（1850年）保和殿应礼部复试，试题是《澹烟疏雨落花天》，俞樾答卷的首句是"花落春仍在"，主考官曾国藩深为赏识，俞樾用作堂名，以志不忘。

曾国藩书额，有跋云："荫甫仁弟馆丈以'春在'名其堂，盖追忆昔年廷试'落花'之句，即仆与君相知始也，廿载重逢，书以识之。"曾国藩（1811—1872年），初名子城，字伯涵，号涤生，宗圣曾子七十世孙。中国近代政治家、战略家、理学家、文学家，湘军的创立者和统帅。与胡林翼并称曾胡，与李鸿章、左宗棠、张之洞并称"晚清四大名臣"。官至两江总督、直隶总督、武英殿大学士，封一等毅勇侯，谥曰文正。曾国藩在书法上的楷书劲健刚拔，竖起了一面承唐继宋明而刚柔相济的正书旗帜。他的行书劲健遒俊而华美，小楷与小行书是整个清代的典范。曾国藩应是与同代包世臣、何绍基齐名的大书法家。

堂内屏门板刻（图11-11）：

春在堂记故事

余自幼不工书，而进殿廷考试，尤重字体。士复试获在第一，咸疑焉，后知由曾文正公，时公以礼部侍郎充阅卷官，得余文，极赏之，置第一奉御。又以余诗有"花落春仍在"句，语同列曰："此与小宋《落花》诗意相似，名位未可量也。"

然余竟沦弃终身，负公期望。同治四载，余寓公书，述前句，且曰："神山乍到，风引仍回。洵符花落之谶矣。然穷愁著书，已逾百卷，倘有一字流传，或亦可言'春在'乎！"无赖之语，聊以解嘲，因以"春在"名堂，请公书之，而自为记。德清俞樾撰。吴县吴大澂书。

图 11-11 《春在堂记故事》

俞樾撰句，由他的门生、金石学家、古文字学家、书法家同时也曾是兵部尚书的吴大澂篆书。

抱柱联（图 11-12）：

生无补乎时，死无关乎数，辛辛苦苦，著二百五十余卷书，流播四方，是亦足矣；

仰不愧于天，俯不怍于人，浩浩荡荡，数半生三十多年事，放怀一笑，吾其归欤。

出句说他活着于时无补，死也于命数无关。但这辈子辛辛苦苦，写了二百五十多卷书，流播到了四面八方，这也就足慰平生了。对句谈自己的道德行事，他得孟子所说的"君子三乐"中之二乐，即"仰不愧于天，俯不怍于人"（《孟子·尽心上》），所以临死前尽可放怀一笑，高高兴兴地返归天堂去了。

俞樾在六十岁时自挽联。吴叔木书。行楷。

图 11-12 抱柱联

第二节

前曲园

小竹里馆

匾额（图 11-13）：

小竹里馆

图 11-13　小竹里馆

翠竹丛中的小书屋。"小竹里馆"为 1879 年增建，称"前曲园"，用唐代王维《竹里馆》诗意。庭前当年曾经遍植彭玉麟所赠方竹。

宋季子敬书。宋季子（1920—1988 年），原名崇祖，因仰慕西泠丁敬的艺术造诣，改名宋丁，号季丁、一目翁、半个园丁、无斋等。浙江杭州宋庄人，寓居苏州曲园旁。工书法、精篆刻。书法远取秦权量诏版，又法《石门》《张迁》，旁及汉魏砖文，线条质朴。篆刻以秦汉为归，间参黄士陵、齐白石，单刀直入，不加修饰，布局险绝，古拙苍莽。有《宋季丁书风》传世。

对联（图 11-14）：

风送竹声来曲院；
月移华景下回廊。

清风吹拂，竹声幽脆，洒然至曲院中；明月

图 11-14　对联

相移，花影疏淡，婆娑于回廊下。描写曲院一派幽雅清绝的美景。联句化自唐代刘兼《对镜》诗："风送竹声侵枕簟，月移花影过庭除。"

　　隶书。款署"文泉翟云升"。翟云升（1776—1858年），字舜堂，号文泉。掖城（今山东莱州）人。道光二年（1822年）进士，桂馥弟子，清代中后期著名古文字学家、书法家。官国子监助教，工隶书，汉隶学曹全、唐隶学泰山铭。用笔由精雕秀媚到凝练厚重，再到大气磅礴。

第三节

后花园

一、认春轩

　　匾额（图11-15）：

认春轩①

　　取唐代白居易《认春戏呈冯少尹李郎中陈主簿》"认得春风先到处"诗意。因花园在西，而轩在其南，为后花园的起点，故称。

_____

① 匾额字顺序应自右往左，此讹。

图 11-15　认春轩

吴作人书额。吴作人（1908—1997年），祖籍安徽泾县，生于江苏苏州。著名画家，其油画和国画都有很高的造诣。

二、曲廊

后花园西边有一条长廊，廊中有碑刻多块，藏俞樾手书的《枫桥夜泊》诗碑，彭玉麟的《红梅》画碑，俞樾的印章、印谱等。

碑联（图11-16）：

> 惜时惜衣，不但惜财犹惜福；
> 求名求利，只须求己莫求人。

爱惜时间、爱惜衣物，不但应该爱惜财物，更应该珍惜幸福。追求名，追求利，只要求诸于自己，不要去求别人。

俞樾自撰格言联。

《枫桥夜泊》诗碑（图11-17）：

> 月落乌啼霜满天，江枫渔火对愁眠。
> 姑苏城外寒山寺，夜半钟声到客船。

图11-16 长廊碑联
图11-17 《枫桥夜泊》
诗碑

行草。款署"寒山寺旧有文待诏所书唐张继《枫桥夜泊》诗,岁久漫漶,光绪丙午,筱石中丞于寺中新葺数楹,属余补书刻石。俞樾。"

彭玉麟《红梅》画碑中的俞樾所题七绝诗之一(图11-18)。

老彭淡墨与瞿仙,不画红梅三十年。
特为俞楼助春色,胭脂多买不论钱。

彭玉麟与俞樾两人交谊甚深,是孙儿女亲家,俞陛云第一位夫人彭见贞是彭玉麟长孙女。彭玉麟(1816—1890年),字雪琴,号退省庵主人、吟香外史。祖籍湖南衡阳,

图11-18 《红梅》画碑

生于安徽安庆。清朝著名政治家、军事家、书画家,人称雪帅。湘军水师创建者、中国近代海军奠基人。官至两江总督兼南洋通商大臣,兵部尚书,封一等轻车都尉。善画墨梅。曲园落成,绘红梅一幅,以之庆贺。

三、曲水亭

匾额(图11-19):

曲水亭

图11-19 曲水亭匾

亭筑于一曲之水上(图11-20)。既讲水形为曲,又使人产生曲水流觞的晋人风范。

图 11-20　曲水亭

四、回峰阁

回峰阁在假山北，假山山径曲折，山洞宛转，可登梯级至回峰阁，峰回路转，故名（图 11-21）。今对联已佚。

图 11-21　回峰阁

五、达斋

匾额（图 11-22）：

达斋

图 11-22　达斋

"曲园而有达斋，其诸曲而达者欤"（俞樾《曲园记》），寓有人生的道路将由曲折而通达之深意。

六、艮宦

匾额（图 11-23）：

艮宦

图 11-23　艮宦

艮，卦名，《易·艮》："艮，止也。"又作为方位名，《易·说卦》："艮，东北之卦也。"宦，据《尔雅·释宫》："东北隅谓之宦。"此屋位于园之最东北隅，园也止于此，故名。

崔护书额。

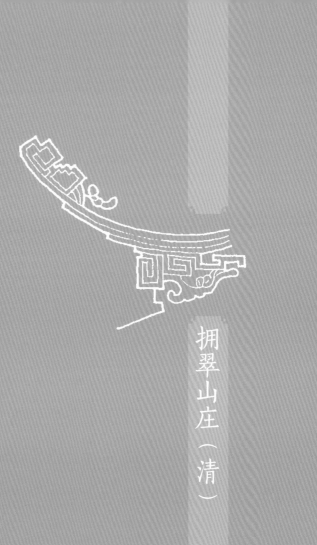

拥翠山庄（清）

　　拥翠山庄位于虎丘上山道西侧，占地约六百七十平方米，依山势起伏而筑，是苏州现存唯一的山地园，在苏州诸园中别具一格。

　　清光绪十年（1884年）春，朱修庭与僧云闲寻访得虎丘古憨憨泉于试剑石右，同游者洪钧、彭南屏、文小坡为扬名此泉，集资若干，于泉旁建屋十余楹，历一年而成，总其目曰"拥翠山庄"。

一、园门

砖额（图12-1）：

拥翠山庄

图12-1　拥翠山庄门楣

　　山庄初建时有"风来摇扬，戛响空寂，日色正午，入景皆绿"之妙境，故名。现山庄仍存旧时之境。"庄"字上多一点，一说因山庄缺水所以增加"一点水"。门侧墙上嵌置石刻"龙、虎、豹、熊"，清咸丰八年（1858年）桂林陶茂森所书［一说"龙、虎"两字为乾隆五十年（1785年）参议蒋之逵所书］，为光绪十一年（1885年）移自旧时寺墙所嵌（图12-2）。

图 12-2　门墙"龙、虎、豹、熊"

二、抱瓮轩

匾额（图 12-3）：

抱瓮轩

图 12-3　抱瓮轩

抱瓮灌园，安于拙陋的淳朴生活。出《庄子·天地》篇。跋语曰："於陵子仲不为不义，逃楚王三公之聘，而墉于菜圃，曰'抱瓮灌畦'，安贫自乐。贤士高风，后世叩之，亦轩名之所自也。

老柏书额。老柏为楼浩白。

对联（图 12-4）：

塔铃声寂思无住；
岩桂香飘好再来。

塔上挂铃的叮当声沉寂之时，令人产生无尽遐思，万物变化无常，一切事物及人的认识皆不会凝固不变。木犀花的清香飘满山岗之时，悟禅的人们更想再度转世皈依佛门。

商向前书。商向前（1908—1998 年），原名天一，艺名老蚕。山东临沂人。著名书法家。醉心二王书体，晚年自成风格，其书法挺拔俊秀，雄健有力，中国书法家协会委员、西泠印社理事。

三、问泉亭

匾额（图 12-5）：

问泉亭

"问泉亭"东南方向面对憨憨泉。"问"字将亭和泉做了"人化"。

图 12-4 对联

图 12-5 问泉亭

吴进贤书额。隶书。

对联（图 12-6）：

雁塔影标霄汉表；

鲸钟声度石泉间。

虎丘塔高得升入霄汉超出天际之外，寺里的钟声穿过山石林泉间。

原为乾隆撰书。许宝骙 1986 年补书。楷书。

四、月驾轩

匾额（图 12-7）：

月驾轩

取《水经注》中"峰驻月驾"之意，即在月光朗照下驾驶着小艇穿行于峰峦中。月驾轩位于高处，似客间似云间，南北狭长如舟（图 12-8）。

仁高书。仁高，生平事迹不详。

图 12-6 对联

图 12-7 月驾轩

图 12-8　月驾轩

对联（图 12-7）：

在山泉清，出山泉浊；
陆居非屋，水居非舟。

在山上泉水就清澈，出了山泉水就浑浊了。在陆地上居住这不是屋子，在水上生活这又并不是船。化用了晋代"张融舟"的典故，表达清贫寡欲，不尚荣利。陆润庠撰书。

门宕砖额（图 12-9、图 12-10）：

花疏　月淡

花影疏疏朗朗，月色朦朦胧胧。

图 12-9　花疏

图 12-10　月淡

碑刻（图 12-11）：

海涌峰

汪洋大海中涌出的山峰，"海涌峰"为虎丘原名。据说在远古时代，苏州地区曾是一片宽广的海湾，海中兀立着点点绿色岛屿，虎丘为其中一座最矮的小丘，随着海潮的涨落时隐时现、若沉若浮。当风平浪静、

图 12-11 石碑"海涌峰"

海天一线之时，它犹如灿烂的明珠镶嵌在浩渺的碧波之上，故名"海涌山"。

嘉庆元年（1796 年）钱大昕所书。隶书。

五、灵澜精舍

匾额（图 12-12）：

灵澜精舍

"灵澜"两字，美憨憨泉也。

近代一百零四岁老人孙墨佛书额。行书。孙墨佛（1884—1987 年），原名孙鹏南，字云斋，曾用名孙巍，字尧天，号眉园，别号天舌山人，又名剑门老人。山东莱阳人。著名书法家。毕生致力于书法和文史研究，自幼随刘大同学书法，后得到王序、康有为亲授。初学魏碑，继临"二王"，旁及篆、隶、章草等。中年转习狂草，晚年专攻孙过庭《书谱》。集诸家之长，自成体系，真、草、隶、篆四体皆能，造诣极深。时与南派著名书法家苏局仙齐名，有"南苏北孙"之说。中国书法家协会名誉理事，中山书画会理事。

图 12-12 灵澜精舍

对联之一（图 12-13）：

问狮峰底事回头？想顽石能灵，不独甘泉通法力；
为虎丘别开生面，看远山如画，翻凭劫火洗尘嚣。

请问狮子山因什么事要回头看虎丘？用俗传"狮子回头望虎丘"；虎丘山上生公说法时顽石也点头，点头石也颇有灵性，不光是憨憨泉水能显灵性使人明目。虎丘山别开生面，远观山如画，虎丘劫火重生，洗尽尘俗喧嚣。

刘惜闇书额。

对联之二（图 12-14）：

水绕一湾幽居是适；
花围四壁小住为佳。

图 12-13　对联之一　　　　　图 12-14　对联之二

绕一湾流水，幽美的居处令人舒适；四壁鲜花围绕，暂住在此真美。

沈迈士补书。行楷。

门宕砖刻（图12-15、图12-16）：

琴心　剑胆

图 12-15　琴心　　　　　　　　　　　　　图 12-16　剑胆

"琴"中空而虚，"琴心"即心虚空，有虚怀若谷之意；"剑"锋利无比，胆，胆识，"剑胆"，即刚利威猛之胆识。将琴心与剑胆联用，比喻刚柔相济，任侠儒雅，文武全才。

六、送青簃

匾额（图12-17）：

送青簃①

图 12-17　送青簃

① 原"送青簃"在"灵澜精舍"东侧，为祭祀陈鹏年的分祠。陈鹏年，字北溟，湖南湘潭人，清康熙四十七年（1708年）曾任苏州知府，多有惠政，后祠废移名至"灵澜精舍"后的构筑，此构筑原称陆公祠，曾一度用来祭祀陆钟琦。陆钟琦（1848—1911年），字申甫，顺天宛平人。光绪十五年（1889年）进士，做过溥仪父亲载沣的老师。

"簃"指大屋子旁的小屋。四围青绿丛翠，纷纷驰入眼前。送青簃前两侧廊墙上嵌置书条石《拥翠山庄记》等（图12-18）。

陆抑非书。陆抑非（1908—1997年），名翀，字一飞，1937年后改抑非，花甲后自号非翁，古稀之年沉疴获瘥，又号苏叟。江苏常熟人，是中国现当代杰出的画家和卓越的美术教育家。擅花鸟画，曾任中国美术学院教授、西泠书画

图 12-18 《拥翠山庄记》

院副院长，常熟书画院名誉院长，西泠印社顾问。

对联（图 12-19）：

> 松声竹韵清琴榻；
> 云气岚光润笔床。

文人喜欢听松风，欣赏竹子的清韵，四围传来的松声和竹韵使人感到琴榻亦分外清凉雅洁起来；天上的云气和山上的岚光，好似令笔床也变得湿润了。笔床，指笔架，文房器具中的一件佳器物。集明代林文题和阗白玉墨床诗联。林文，字恒简，福建莆田人。明宣德五年（1430 年）进士。正统初与修宣庙实录，官至太常寺少卿。善属文，工书。

康熙曾题苏州虎丘行宫，今为罗哲文补书。罗哲文（1924—2012 年），四川宜宾人，中国古建筑学家。1940 年考入中国营造学社，师从著名古建筑学家梁思成、刘敦桢等。1946 年在清华大学与中国营造学社合办的中国建筑研究所及建筑系工作。1950 年，先后任职于文化部文物局、国家文物局、文物档案资料研究室、中国文物研究所等，一直从事中国古代建筑的维修保护和调查研究工作。罗哲文先生雅好诗书。自小喜欢书法，书法集儒家的"中正平和"、佛家的"空灵清新"、道家的"质朴自然"于一体，充分展现出渊博学识涵养的潇洒气质。

图 12-19 对联

匾额（图 12-20）：

海不扬波

图 12-20　旱船匾（海不扬波）

"海不扬波"为禅语。明梅鼎祚《玉合记·枯海》。"闻太平之世，海不扬波，安有今日。"为象形写意式题咏。

华人德书额。

对联（图 12-21）：

花开月榭风亭下；
炼句功深石补天。

鲜花盛开在供赏风月的台榭和亭子下，词句推敲、细微凝练达到造化境界。塑造出一个"为人性僻耽佳句，语不惊人死不休"（杜甫《江上值水如海势聊短述》）的诗人形象。

竹汀钱大昕隶书。①

① 此联不工，原联为美国弗利尔美术馆收藏的伪造字画之一，非钱大昕真撰。

图 12-21　对联

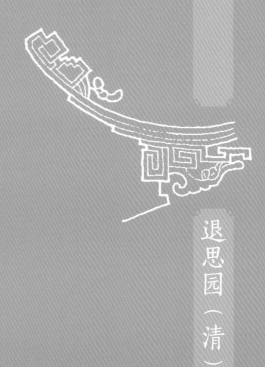

退思园（清）

退思园位于苏州吴江古镇同里新填街，距离苏州老城二十六千米，占地约六千五百平方米。园主任兰生，字畹香，号南云，官任安徽凤颖六泗兵备道之职，光绪十一年（1885年）被弹劾后落职归故里，请同里著名画家袁龙（字东篱）巧构此园。园并列横向布局，自西向东依次为住宅、中庭、山水园。造园时先有水再筑景，因此被陈从周先生誉为贴水名园。

水贴亭林醉泊乡

园门

砖额（图 13-1）：

退思园

意取《左传·宣公十二年》"进思尽忠，退思补过"，以打了败仗的春秋晋国荀林父自比。

图 13-1　园门（退思园）

第一节

住宅

一、门厅

匾额（图 13-2）：

退思园

图 13-2　门厅匾（退思园）

清光绪十年（1884年），园主任兰生被内阁学士周德润弹劾，罪状有二：一是"盘踞利津，营私肥己"，一是"信用私人，通同舞弊"（《清实录》）。光绪十一年（1885年）正月"解任候处分"。经查证，其错"惟留用革书屠幼亭为知情徇隐，部议革职。"园主之弟任艾生诗曰："题取'退思'期补过，平泉花木漫同春。"

汪道涵题额。汪道涵（1915—2005年），原名汪导淮，安徽芜湖人，同盟会元老汪雨相之子。曾任中共上海市委书记、上海市市长、海峡两岸关系协会会长等要职。

二、茶厅

匾额（图13-3）：

退思园

图 13-3　茶厅匾（退思园）

以"退思"名住处，园主虽归隐，但表达出自己是"社稷之卫"的心迹。

启功题额。

对联之一（图13-4）：

种树者必培其根；

种德者必养其心。①

种树木必须将树木的根系培养好，修养品德的人必须先培养好自己的心性。出于明代大思想家王守仁《传习录》。

高式熊书。高式熊（1921—2019年），浙江鄞县人。幼承家学，书法得到父亲亲授，20岁时获海上名家赵叔孺、王福庵指导。曾受教于西泠印社早期社员，著名书法家、篆刻家，收藏家鲁庵印泥创

---

① 此为格言，非律句，对联要求上下字平仄对立，用字上下不重复。

始人张鲁庵先生，得张先生真传。擅篆刻、书法及印泥制作、印学鉴定。书法出规入矩，端雅大方；后又喜摹印作，对历代印谱、印人流派极有研究。其书法楷、行、篆、隶兼擅，清逸洒脱，尤以小篆最为精妙，与篆刻并称双美。齐白石先生曾长期使用高式熊的印泥。曾任中国书法家协会会员、西泠印社名誉副社长、上海市书法家协会顾问、上海市文史研究馆馆员、上海民建书画院院长、棠柏印社社长。著有《西泠印社同人印传》《高式熊印稿》等专著。

对联之二（图 13-5）：

昔为女学尚忆童年旧梦琴韵起亭
心歌声飘水面；
今是名园欣看盛世韶光游踪来瀛
海辙迹贯江乡。

过去为丽则女学，尚能回忆童年曾在这里读书留下了美好的记忆，琴声、歌声飘扬在水园的亭台轩堂；今朝成为名园，欣喜地看到盛世的美好时光，家乡成为国内外游客流连之地。

里人陈旭旦撰书。陈旭旦（1911—1994 年），字雅初，江苏吴江人，与钱太初、金立初合称"同里三初"。早年师从金松岑，后转益多师，向多名前辈学者请教。

图 13-4 对联之一

图 13-5 对联之二

三、正厅

匾额（图 13-6 ）：

荫馀堂

图 13-6　正厅匾（荫馀堂）

祖先有德，庇荫有余。

沈鹏书额。

对联之一（图 13-7 ）：

> 快日晴窗闲试墨；
> 寒泉古鼎自煮茶。

快乐的日子，坐在明亮的窗户前摆弄
笔墨；汲取寒泉，架起状如古鼎风炉自己
煮香茗。

高式熊书额。

对联之二（图 13-8 ）：

> 水榭风来香入座；
> 琴房月照静闻声。

水殿风来暗香满坐，月夜天籁人静琴
房传出悠扬琴声。

钱小山书额。钱小山（1906—1991 年 ），
原名伯威，字任远，号小山。江苏常州武
进人。是常州有名的诗人和书法家。自幼

图 13-7　对联之一

图 13-8　对联之二（正厅中堂联）

随父钱振读书。一度出任名山中学校长。历任民盟江苏省委常务委员、常州市文
化局局长、常州市文联名誉主席、常州市书画院院长、中华诗词学会顾问、省书
法家协会理事、常州市书法家协会会长等职。其诗风格清新隽永、明快流畅；长
于行书，有独特风格，他的书法"苍润洒脱，神完气充"。

四、内宅

匾额（图 13-9）：

畹芗楼

图 13-9　畹芗楼

满地兰香之楼，喻优秀人才之居。园主任兰生。任兰生，字畹香，名和字都取自《楚辞》："余既滋兰之九畹兮，又树蕙之百亩"，古时三十亩为一畹，兰蕙皆是香草，皆喻贤才。"芗"通"香"，"畹芗"即"畹香"，此楼是以园主自己的字取名的，是其与家眷起居之处。

汪道涵题额。

第二节

中庭

一、坐春望月楼

门廊匾额（图 13-10、图 13-11）：

坐春　　望月

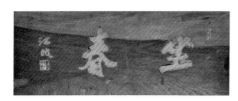

图 13-10　坐春　　　　　　　　　　图 13-11　望月

沐浴春色。仰望明月。

江波书额。江波，原名杨永和，1923 年 11 月生。安徽无为人。中华诗词学会创始人之一，中国老年书画研究会研究员，苏州医学院神剑学会顾问，米芾书画研究会、中原书画院艺术顾问，纽约四海诗社、全球汉诗总会名誉顾问、苏州市作协会员等。

对联之一（图 13-12）：

静吟乘月夜；
闲坐听春禽。

踏着月光，诗思喷涌；悠闲地坐着听那春天飞鸟欢快的鸣叫声。出句取唐代白

图 13-12　对联之一

居易《久不见韩侍郎，戏题四韵以寄之》句，对句用唐代祖咏的《苏氏别业》诗句。
程质清书。

对联之二（图 13-13）：

四时物华常新，花气氤氲，小园犹存当年风貌；
五湖烟水相通，池光潋滟，清景可延远近佳客。

图 13-13　对联之二

园中四季物华常新，花香氤氲，小园中依然可见当年风貌；园中之池水与五湖相通，水光潋滟，清晖的景色可以延请远近的佳宾。

夏炎德撰并书。夏炎德（1911—1991年），上海南汇人。复旦大学经济系教授，民建中央委员、中国经济思想史学会名誉理事。

二、小阁

匾额（图13-14）：

揽胜阁

饱揽秀色之阁。小阁位于"坐春望月楼"东侧，正好可以俯瞰山水园全景，故名。

张辛稼书额。

图13-14　小阁匾（揽胜阁）

三、迎宾室

匾额（图13-15）：

迎宾室

迎接宾客之处。

江波书额。

四、岁寒居

匾额（图13-16）：

岁寒居

冬赏松竹梅"岁寒三友"之居。取《论语·子罕》："岁寒，然后知松柏之后凋也。"此室外面植有松、竹、蜡梅，通过窗景，组成一幅幅立体的图画。

图 13-15　迎宾室

图 13-16　岁寒居

五、旱船

对联（图 13-17）：

无边落木萧萧下；
不尽长江滚滚来。

无边无际的树木萧萧地飘下落叶，望不到头的长江水滚滚奔腾而来。集唐代杜甫《登高》诗。

江波书。

图 13-17　旱船对联

第三节

山水园

一、月洞门

西向门宕砖额（图 13-18）：

得闲小筑

图 13-18　得闲小筑

获得清闲的小建筑。任兰生退职归乡，获得一份清闲，于此园宁心养神。徐穆如书额。

东向门宕砖额（图 13-19）：

云烟锁钥

烟笼雾罩的美景被锁住。

图 13-19　云烟锁钥

二、水香榭

匾额（图 13-20）：

水香榭

水中飘荷香之榭。取宋代姜夔《念奴娇》词中的"嫣然摇动，冷香飞上诗句"意。此榭悬挑水面，可看游鱼，可赏倒影，夏日绿阴荷香，水动风凉，令人心旷神怡（图 13-21）。

瓦翁书额。

图 13-20　水香榭匾额

三、揽胜阁下层

对联（图 13-22）：

自喜窗轩无俗韵；
亦知草木有真香。

自己心中喜欢，园中的建筑都没有世俗的品性；也知道园中的植物花草，都有真香。

戴支毫书。

图 13-21　水香榭

图 13-22　揽胜阁下层对联

四、退思草堂

匾额（图 13-23）：

退思草堂

图 13-23　退思草堂匾

退而思过。此堂是水园的主体建筑，堂南有露台，台临荷花池，花开时节有水殿风来珠翠香的幽趣，平常又能体味庄子濠梁观鱼的乐趣（图 13-24）。堂内的《归去来兮辞》碑拓，为元代大书法家赵孟頫所书的海内孤本，增添了园林古雅的韵味（图 13-25）。赵孟頫（1254—1322 年），号松雪道人，以绘画和书法成就最高，开创元代新画风，被称为"元人冠冕"。善篆、隶、真、行、草书，尤以楷、行书著称于世，楷书四大家（欧阳询、颜真卿、柳公权、赵孟頫）之一。

张辛稼书额。

图 13-24　退思草堂

图 13-25 《归去来兮辞》碑拓

对联之一（图 13-26）：

艺秀辞工人所乐；

水流花放吾其游。

人们喜爱的是精美的艺术品和工雅的美文；清澈的流水和美丽的鲜花开放了，正是我们游乐赏景的好时光。

图 13-26 退思草堂中堂联

集石鼓文存字，徐穆如篆书。石鼓文，秦刻石文字，因其刻石外形似鼓而得名。发现于唐初，石鼓刻石文字多残，北宋欧阳修录时存四百六十五字，明代范氏《天一阁》藏本仅四百六十二字，原石现藏故宫博物院石鼓馆。

对联之二（图13-27）：

> 华榭开时，喜集域中人，贴水芳园画意，
> 　　半池莲叶容鱼戏；
> 草堂行处，退思天下事，生风熏阁琴声，
> 　　千树桐花任风游。

美丽的临水建筑开门迎客，欣喜地聚集了来自四面八方的游人，贴水芳园无限画意，半池的莲叶足以够鱼戏莲叶间；行到退思草堂，悠然触发退思天下事的情思，微风带着生气和花香，熏染了楼阁，琴声悠扬，千树桐花任幺风遨游。

江波书。

图 13-27　对联

五、琴房

对联之一（图13-28）：

> 琴室停云静；
> 天桥生月明。

琴声响遏行云，明月出于天桥之上。"停云"用《列子·汤问》中秦青"抚节悲歌，声振林木，响遏行云"之意。

江波书。

对联之二（图13-29）：

> 奇石尽含千古秀；
> 异花长占四时春。

图 13-28　琴房对联之一

图 13-29　琴房对联之二

奇石含蕴千古秀色，异花四季吐芬芳。脱化于唐代罗邺七律《费拾遗书堂》"怪石尽含千古秀，奇花多吐四时芳"句和北宋苏东坡《月季》"一年长占四时春"句。

戴支毫书。

北廊门宕匾额（图 13-30、图 13-31）：

雁落（面西）　枕凉（面东）

图 13-30　雁落（面西）　　　　　　　　图 13-31　枕凉（面东）

"雁落"是《雁落平沙》古琴曲的缩语。该曲调悠扬流畅，《古音正宗》中说此曲："盖取其秋高气爽，风静沙平，云程万里，天际飞鸣。借鸿鹄之远志，写逸士之心胸者也。""枕凉"，枕生凉意。出自唐代杜牧《秋思》："热去解钳钛，飘萧秋半时。微雨池塘见，好风襟袖知。发短梳未足，枕凉闲且敧。平生分过此，何事不参差。"

六、眠云亭

匾额（图 13-32）：

眠云亭

图 13-32　眠云亭

高踞湖石山上之亭。取唐代刘禹锡《西山兰若试茶歌》"欲知花乳清泠味，须是眠云跂石人"诗意。

瓦翁书额。

七、菰雨生凉轩

匾额（图 13-33）：

菰雨生凉

图 13-33　菰雨生凉

雨打菰蒲，凉风习习。取宋代姜夔《念奴娇·闹红一舸》词"翠叶吹凉，玉容消酒，更洒菰蒲雨"句意。此轩北侧贴水，几株菰蒲、一丛芦苇，野趣横生。夏秋季节，轩内凉风习习，莲叶田田，荷香阵阵，阵雨突至，那菰蒲、荷叶、轩南的芭蕉等都成了奏乐的琴键。轩内屏门正中置大镜一面，有"镜里云山若画屏"之趣。

吴敔木书额。

北半轩对联（图 13-34）：

种竹养鱼安乐法；

读书织布吉祥声。

种竹、养鱼乃大安乐法；读书声、织布声是大吉祥之声。

江波书。

南半轩对联（图 13-35）：

> 竹梧秋雨碧；
>
> 荷芰晚波明。

竹子和梧桐树被秋雨洗涤过后更加苍翠；菱花和荷花在夕阳映照下湖波明丽。集倪云林《荒村》诗颔联。

瓦翁书。

图 13-34　北半轩对联　　　图 13-35　南半轩对联

八、辛台

匾额（图 13-36）：

辛台

辛勤之台。这是二层小楼，为当年园主教子读书处，读书有如辛勤耕耘。辛台北侧，有一高大的太湖石峰，形如垂垂老者，故名"老人峰"（图 13-37）。

瓦翁书。

图 13-36　辛台

图 13-37　老人峰

九、旱船

匾额之一（图13-38）：

闹红一舸

图13-38　旱船匾"闹红一舸"

在盛开的荷花中的一艘小船。额名取宋代姜夔《念奴娇·闹红一舸》词"闹红一舸……翠叶吹凉，玉容消酒，更洒菰蒲雨。嫣然摇动，冷香飞上诗句"意象。荷花盛开，几只鸳鸯戏水于荷叶间，那无数碧绿的叶子散发着凉爽的气息，美丽的花朵，带着酒意消退时的微红，这时如果有一阵密雨从丛生的菰蒲中飘洒过来，荷花优美地舞动着腰肢，诗人诗兴勃发，诗句上顿时染上了一股迷人的冷香。姜白石一首词命名三个景点，显然园主十分喜爱姜白石词。

费孝通书额。费孝通（1910—2005年），江苏吴江人。中国现代著名社会学家、人类学家、民族学家、社会活动家，中国社会学和人类学的奠基人之一，第七、八届全国人民代表大会常务委员会副委员长，中国人民政治协商会议第六届全国委员会副主席。先后获得美国马林诺斯基应用人类学奖、英国皇家人类学会赫胥黎奖、联合国"大英百科全书"奖和英国伦敦经济学院荣誉院士称号。

匾额之二（图13-39）：

松菊犹存

图13-39　旱船匾"松菊犹存"

岁寒不凋的松和秋霜不改条的菊还在。取陶渊明《归去来分辞》中的"三径就荒，松菊犹存"意。

程可达书额。

十、九曲回廊

窗洞砖额（图13-40～图13-48）：

清风明月不须一钱买

图13-40　清

图13-41　风

图13-42　明

图13-43　月

图13-44　不

图13-45　须

图13-46　一

图13-47　钱

图13-48　买

自然美景不要用钱买的。取意唐代李白《襄阳歌》："清风朗月不须一钱买，玉山自倒非人推。"

砖额字体奇巧古拙，系新石鼓体。

十一、桂花厅

匾额：

天香秋满①

　　秋天充满桂花香气的厅堂。"天香"指的是桂花的香气，桂花香味馥郁芬芳，有"世上无花敢斗香"之誉。此厅位于山水园西部，庭院内遍植丛桂，秋时浓香飘溢，令人舒心惬意。

---

① 匾额已佚。

门亭匾额（图13-49、图13-50）：

金风（面南） 玉露（面北）

图13-49　金风（面南）

图13-50　玉露（面北）

秋风。白露。五行中秋属金，"金风"就是秋风。

回廊转入桂花厅门宕砖刻（图13-51）：

留人

留客之意。出自南北朝诗人庾信《枯树赋》"小山则丛桂留人"句。

图13-51 留人

十二、门楼

门楼之一砖刻（图13-52）：

流憩遐观

图13-52 流憩遐观

走走歇歇，抬头看看远方。出自东晋陶渊明《归去来兮》："策扶老以流憩，时矫首而遐观。"

门楼之二砖刻（图 13-53）：

泉石遗韵

图 13-53　门楼"泉石遗韵"

泉石含蕴着上古时代的历史风云，遗留了文人风雅的韵味。

陈从周题额。

门楼之三砖刻（图 13-54）：

东篱遗构

画家袁东篱遗留的营构作品。退思园设计者画家袁龙，字东篱，取意陶渊明《饮酒》其五诗"采菊东篱下，悠然见南山"，东篱为菊花圃的代称，菊花以陶渊明为知己，也被称为"花之隐逸者"，故袁龙也有"隐君子"之称。

图 13-54　东篱遗构

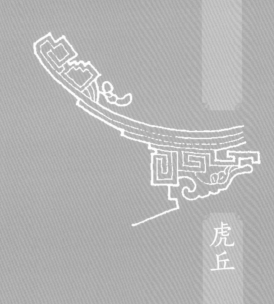

虎丘

虎丘在苏州阊门外西北郊约七里，旧名海涌山，山高不过三十六米，面积约二十公顷，素有"吴中第一名胜"之美称。

春秋时，吴王阖闾曾在虎丘建离宫，其死后葬于虎丘。东晋年间，司徒王珣与弟司空王珉于虎丘山营造别墅，后舍宅为东西两寺，名"虎丘山寺"，唐代因避高祖父李虎之讳改名"武丘报恩寺"。宋时称"云岩禅寺"。

虎丘风景秀丽，名胜遍布，更兼得历代名人雅士品题诗咏。清康熙皇帝六次驾幸虎丘，御题"虎阜禅寺"，建行宫含晖山馆等。清乾隆皇帝六次南巡，亦到此驻跸，虎丘山寺建构也多得修葺达到全盛。太平天国运动使大多山寺建筑毁于兵燹。战后至今，景点、建筑等陆续得以修复和新建。

现虎丘山以环山河内为主区，主要有前山、后山、盆景园、西溪环翠等。

第一节

虎阜禅寺山门

一、虎阜禅寺头山门

隔河照墙砖额（图 14-1）：

海涌流辉

图 14-1　照壁砖额

汪洋大海中涌出的山峰流光溢彩，指示性题咏，明示渊源，"海涌峰"为虎丘原名。

款署"戊午季冬重建，主持中照书"。戊午指 1918 年。

匾额之一（图 14-2）：

古吴揽胜

图 14-2　大山门匾额"古吴揽胜"

虎丘集中了古吴胜概，可以饱览。头山门东西门宕有砖额"山清""水秀"。两侧巷门正面题篆书门额"左通""右达"，反面题"踏青""登高"。

匾额行书。款署"吴曾善"。吴曾善（1890—1966 年），吴郁生的侄子，吴曾善书法系叔父亲授，所以他的号"小钝"是叔父的字"钝斋"的衍生。

匾额之二（图 14-3）：

虎阜禅寺

图 14-3 大山门匾额"虎阜禅寺"

虎阜即虎丘。山藏于古寺之中。"海涌山"后称"虎丘山"，原因有二：一曰"丘如蹲虎"；二曰吴王阖闾下葬三日，有"白虎蹲其上"，故名。

楷书。匾钤"康熙御书之宝"印。为清康熙帝第六次南巡（1707 年）驻跸虎丘行宫时题写。

对联（图 14-4）：

水绕山塘笑旧日莺苍笙歌何处；
塔浮海涌看新开图画风月无边。

虎丘前有七里山塘水围绕，笑忆当年莺歌燕舞、鼓乐吹笙都在哪些地方；海涌山上宝塔浮云，看眼前景色佳丽犹如新打开的图画。写今日虎丘之风采，"风月无边"，极赞虎丘风景之美丽。

款署"丁卯初夏钱定一撰、周退密书于吴门"。

图 14-4 对联

二、虎阜禅寺二山门 [1]

虎丘

匾额之一（图 14-5）：

大吴胜壤

苏州风景优美之地。题词有序曰："虎阜有始祖希冯公书'大吴胜壤'匾，乾隆时失，咸丰十一年曾寿辟兵黄埭，见村肆败壁板上有此四字，而'大吴'字已蚀过半，因有意补全，制匾置寺中，聊存一千四百余年旧迹焉。"希冯公，为南朝顾野王之字。

款署"光绪三年二月，四十二代孙曾寿重立"。

匾额之二（图 14-6）：

含真藏古

图 14-5 二山门匾额"大吴胜壤"　　　　　图 14-6 二山门匾额"含真藏古"

[1] 头山门和二山门之间，经过山门巷（又称内山门）和海涌桥。山门巷内有贝聿铭题写的匾额"吴中第一山"、砖细"访古""揽胜"等。桥名海涌，出自虎丘山旧名海涌山之故。二山门俗称断梁殿，其主梁是由两根木材接成，《虎丘新志》称："其如此构造，系模仿旧制。盖虎丘旧有梁双殿，传为古迹。"

"含真藏古"是中国人物画之祖晋代顾恺之描述虎丘山水的语言，虎丘具有山水之胜，又是从太古时代的大海洋中涌出的一座山峰，故堪以此称之。题词有序曰："顾恺之《序略》记虎丘山水语'含真藏古，体虚穷元'，因书四字，为胜迹存真。"

楷书。款署"乙丑年十一月，梁漱溟并识，时年九十有三"。梁漱溟（1893—1988 年），蒙古族，原名焕鼎，字寿铭，曾用笔名寿名、瘦民、漱溟，后以漱溟行世，现代学者。

前联（图 14-7）：

> 塔影在波，山光接屋；
> 画船人语，晓市花声。

云岩寺塔的影子在水波中摇晃，山上的清光连接着屋子；河中画舫上传出了吴侬软语，早市上飘扬着卖花姑娘的叫卖声。

"集明人文中语"，旧为顾德华女士书，今为李圣和 1986 年重书。李圣和（1908—2001 年），原名惠，别号印沧老人。江苏扬州人。幼年在父亲的教导下学习书法、绘画，工诗词，有诗书画"三绝"和"扬州女才子"之称。书法精于楷隶。楷书圆劲遒逸，隶书沉着浑厚。曾任江苏省第五届政协委员，为中国书法家协会会员，江苏省诗词协会会员，扬州国画院美术师等，著有《李圣和诗书画集》行世。

后联（图 14-8）：

> 翠竹苍松全寿相；
> 清泉白石养天和。

图 14-7　前联

图 14-8　后联

翠色的竹、苍劲的松是长寿的象征；处在清泉和白石之间，可以保养身心。清高宗撰行宫联，今为启功书。行书。

东西山墙北延处侧门砖额（图14-9、图14-10）：

松溪（东） 竹径（西）

图14-9 松溪（东）　　　　　　　　　图14-10 竹径（西）

松荫如溪流之长。竹林丛中的小路。东侧为盆景园，西侧为拥翠山庄，题额显示周围境况。

三、虎阜禅寺三山门

大佛殿为原虎阜禅寺的三山门，大殿南有五十三个台阶（图14-11），象征"五十三参，参参见佛"的佛教传说：善财童子受文殊菩萨的指点，南行五十三处，参拜访问名师，听受佛法，终成正果。（《华严经·入法界品》）

图14-11 五十三参

匾额之一（图 14-12）：

大雄宝殿

图 14-12　大雄宝殿

"大雄"为释迦牟尼尊号，指佛有大智力，能伏四魔，故称。

匾额之二（图 14-13）：

仙境澄辉

如神仙的镜子，绚丽美妙；似清澈明净的阳光，柔和辉煌。

清康熙帝御笔额。康熙的书法也极为出色。他自幼好学工书，尤喜好董其昌书法，后擅长楷书、行书，颇有帖学的风范，其风格清丽洒脱。

匾额之三（图 14-14）：

我佛慈悲

图 14-13　仙境澄辉

图 14-14　我佛慈悲

佛祖慈悲为怀，佛教用语。

清状元陆润庠书。

匾额之四（图 14-15）：

绍隆般若

图 14-15　绍隆般若

"绍"，继续；"隆"，发扬光大。"般若"（bō rě），梵语的译音，意为智慧，佛教用以指如实理解一切事物的智慧，大乘佛教称之为"诸佛之母"。《金刚般若波罗蜜经》中说："警策一切众生，当速发无上菩提心，奉持般若，方为绍隆佛种，方为不负己灵。"

赵朴初书。赵朴初（1907—2000 年），著名作家、诗人、书法家和佛教人士。安徽安庆太湖人。1980 年后，任中国佛教协会会长，中国佛学院院长，中国书法家协会副主席，中国民进中央参议委员会主任、副主席、名誉主席，全国政协副主席。

对联（图 14-16）：

古栝阴垂苔磴润；
瑞莲香袭镜池清。

栝树参天蔽日，树荫垂于石阶，台阶上苔藓润绿；吉祥之莲猗猗，香气袭人，池水清澈透明。

清康熙帝题禅堂联。

图 14-16　对联

厅南两侧墙门砖额（图 14-17、图 14-18）：

性静（东）　情逸（西）

情思放逸，达到畅神的境界。内心清净平定。

图 14-17　情逸（西）

图 14-18　性静（东）

第二节

虎丘前山

一、憨憨泉

井后石刻（图 14-19）：

憨憨泉

图 14-19　憨憨泉

传说在梁时天监中（502—519年），神僧憨憨尊者从宝华山来虎丘时所凿，故名。

北宋哲宗时人吕升卿书。费韦斋曰："此三字浑朴有法。"井栏圈正面亦有"憨憨泉"三字，侧题小字四行："康熙四十四年六月，上海县信士杨天玑同男麟选，孙和郎喜助吉旦。"

二、试剑石

题刻（图 14-20）：

试剑石

图 14-20　试剑石

传为吴王阖闾、秦始皇试剑之石。实为凝灰岩久经风化所致。试剑石旁篆刻元代诗人顾瑛的一首诗："剑试一痕秋，崖倾水断流。如何百年后，不斩赵高头？"针对秦王试剑石的传说而作，略带调侃语气。

原为北宋吕升卿书，今为僧人逸溪补书。隶书。

三、大石

题刻（图 14-21、图 14-22）：

图 14-21　石桃

图 14-22　枕石

"石桃"，石形如桃子，俗传系当年大闹天宫的孙悟空所偷王母娘娘的蟠桃跌落在此所变。"枕石"，石形如枕，故名。传晋代高僧竺道生曾枕此石而眠。又有《梁书·顾协传》顾协"枕石漱流"之典。两石均为古生代喷出的流纹岩。

"石桃"，隶书，款署"果严"。"枕石"，行书。

四、古真娘亭

墓碑（图14-23）：

古真娘墓

据传，真娘为唐人，姓胡，名瑞珍，北方人。因安史之乱南逃至此，坠入阊门内的"乐云楼"妓院，但卖艺不卖身，以死守身，厚葬于此。有大小青石碑两块，小青石碑［图14-23（b）］为康熙甲戌年（1694年）四月初八释迦牟尼诞辰由新安（徽州歙县）人张潮所立。张潮，幼时随父居于扬州，"去徽州之山，来盐业之都"，故以"山来"为字，号心斋居士。大青石碑［图14-23（a）］为

（a）大青石碑　　　　　　　　（b）小青石碑

图14-23　古真娘墓

海陵（泰州）人陈镶重建。陈镶，陈志襄之子，字德渊，号铁坡，有《重修真娘墓记》云："甲子春，余避俗虎丘，屐齿所及，虽未穷九宜三绝之胜，而翠华临幸之地，与夫古迹祠墓，寻览几遍焉，独求所谓真娘之墓，而蔓草荒烟，不可复识，心窃疑之，将毋子虚乌有，为词人之假托，非若钱塘苏小，西蜀薛涛，确有明证欤，留意久之，忽于东山庙后，太傅祠前，溷厕中，见有断碑偃仆，拂拭其尘土而视之，则真娘之墓犹在，问之山僧顿之云，自明季兵燹之后，此碑沦弃至今，余乃缘碑而寻其墓，依稀犹存旧址焉。嗟乎沧桑屡变，古迹之消沉磨灭，而不纪者，所在多有，独兹片石仅存，不可谓非幸也，因为之重修墓土，葬残碑于穴中，树新石于旧地，覆以小亭，俾之芳魂有所栖托……"清代夏荃在《退庵笔记》中慨叹："（铁坡）不惜资力表彰古迹，用心良苦。今之橐金游吴阊门者，辄以供湖舫酒食笙歌之用，否则多市缯帛玩好，归以诒其家人，孰肯为铁坡之所为者！"同时，他也委婉指出，入石当书名，铁坡为号，与金石例不合。亭前有摩崖"香魂"二字（图14-24）。墓下壁有六行楷书："淳祐辛亥春分，四明程振父，天台赵必巽、方甫，眉山苏困，同以东饷檄委在吴，值暇，载酒来游此山，甫弟来侍。"

图 14-24　古真娘亭

对联之一（图 14-25）：

香草美人邻，百代艳名齐小小；
芳亭花景宿，一泓清味问憨憨。

图 14-25　对联之一

满冢的香草与美丽的真娘为邻居，百代以下真娘的芳名与苏小小并称于世；芳香的亭子里住宿的是香草和美人，旁有一泓清凉的泉水，它的清味究竟如何，请问问那憨憨和尚。

今人王京盙重书清乾隆大学士刘墉旧联。篆书。

对联之二（图 14-26）：

半邱残日孤云，寒食相思陌上路；
西山横黛畎碧，青门频返月中魂。

夕阳映照着半个丘山，天空中孤云飘浮，寒食时节，凭吊扫墓，走在路上的人们，思念着逝世者；西方的群山显露出黛色，俯畎山下，满目碧翠，人间繁华

图 14-26　对联之二

的地方，逗引得月中寂寞的灵魂频频回顾。

　　李祖年集松吴文英词句成联。沈本千书。沈本千（1903—1991年），室名留云阁、流云阁。浙江嘉兴人。1918年入浙江省立第一师范学校，得经亨颐、李叔同、夏丐尊等名师教授，与丰子恺、潘天寿等结成桐荫画社，钻研书画篆刻。后入上海美专毕业。三十五岁后专攻山水、墨梅，所作挺秀、明净、抒情。亦擅书法、篆刻，工诗词。为浙江省钱塘书画研究社副社长，浙江省文史研究馆馆员等。

五、千人石畔

　　传说阖闾墓筑成后，吴王夫差怕工匠泄露墓内机关秘密，便以邀请曾参加筑墓的一千多工匠来此石上饮酒看鹤舞之名，将其灭口，因称千人石。千人石东侧近池处有"万历经幢"，幢身四面由万历年间章藻书并刻《金刚般若波罗蜜经》。千人石西侧高处为吴越经幢，全名《佛说大佛顶陀罗尼经幢》，幢身八面刻《楞严经》，后周显德年间高阳许氏造。经幢有超度亡灵的作用。

　　石壁篆书（图14-27）：

禅宗先驱、佛教理论家晋代高僧竺道生（355—434 年），人称"生公"，在此讲经说法，下有千人列坐听讲，故名。

明代胡缵宗书。胡缵宗，甘肃秦安人，曾任苏州太守。工诗文，精书法。早年行草有拓片传世，今已绝少，墨迹更属罕见。

图 14-27　千人坐

图 14-28　生公讲台

石壁篆书（图 14-28）：

生公讲台

此地传为生公讲经说法之处，故名。

唐代大诗人李白族叔李阳冰撰书。李阳冰，字少温，赵郡人，官至将作大匠。工于小篆，为唐代之冠。因书以瘦劲取胜，人号"笔虎"。亦云系宋蔡襄书。蔡襄，字君谟，兴化人，官至端明殿学士，书法独步当世。今"讲"字为马之骏补刻，余三字为原刻。

六、白莲池

池中方体石块题刻（图 14-29）：

点头

图 14-29　点头石

据传，竺道生讲经，立"善不受报""顿悟成佛"义，认为一切众生（包括恶人）悉有佛性，为旧学所不容，因而时人视为异端，在长安遭谤，遂云游南下，至苏州虎丘。由于太守害怕冒犯朝廷，下令不准百姓来听经，生公乃聚石为徒，有"生公说法，顽石点头"之说。元代顾瑛《生公石》诗："生公聚白石，麈拂天花坠。可怜尘中人，不解点头意。"（图14-28）

清王宝文书。隶书。

池壁题刻（图14-30、图14-31）：

白莲池　白莲开

图 14-30　白莲池

图 14-31　白莲开

生公说法时值严冬，池水盈满生出千叶白莲，一齐开放吐香，故池名"白莲池"，"白莲开"是具有象征意义的佛法圣境。白莲池西壁小桥旁还有楷书的"采莲桥"（图14-32）。

篆书"白莲池"，龚衫题。行书"白莲开"，金履贞、曹澄题。

池壁题刻（图14-33）：

山水之曲

山水谱写出清妙之曲。据《虎丘山志》载，摩"山水之曲"左方有八行楷书七律诗刻。"往来络绎胜游人，那识乾坤造化真。一脉渊泉清澈骨，千人大石净无尘。苔痕印履诗敲月，柳絮漫天鸟唤春。真趣真如归隐逸，放怀登眺妙通神。"白莲池西北壁有行书"邃谷"题刻，北壁有楷书"真趣"题刻，等等。

李根源认为"山水之曲"四字为明代胡缵宗书。楷书。

图 14-32　采莲桥

图 14-33　山水之曲

七、二仙亭

枋额（图 14-34）：

二仙亭

图 14-34 二仙亭

　　"二仙"指道教思想家陈抟和传说为道家纯阳祖师的吕洞宾。据传，吕洞宾与陈抟曾同隐华山。此亭中两块石碑，刻有陈抟、吕洞宾"二仙"之像，一镌纯阳吕祖师自叙碑，一镌希夷陈祖邻序，他们在虎丘山留下踪影，正是"山不在高，有仙则名。"

　　楷书。无款。

石柱对联之一（图 14-35）：

梦中说梦原非梦；
元里求元便是元。

　　梦中说梦却原来并不是梦，道家之道需通过研究精妙深奥的道理才能得到。"元"为"玄"，为避康熙玄烨之讳而改，指高远莫测之道。此联写陈抟故事。

石柱对联之二（图 14-36）：

昔日岳阳曾显迹；
今朝虎阜再留踪。

虎
丘

图 14-35　石柱对联之一

图 14-36　石柱对联之二

吕祖曾在岳阳楼显过仙迹，现在再次在虎丘留下踪影。此联写吕洞宾的传说，在虎丘山的西南，旧有"回仙径"，传为吕祖游息处，吕洞宾尝自号"回仙"。

亭畔石刻（图14-37）：

三仙阁

虎丘旧有三仙阁，崇祀文昌、张仲、吕洞宾三仙。

行书。款署"吕祖碑移于阁上，敬志。王慎怡静心书"。

石刻（图14-38）：

仙人石①

图14-37　三仙阁　　　　　　　　图14-38　仙人石

仙人显迹之石。

八、花雨亭

匾额（图14-39）：

花雨亭

诸天为赞叹佛说法之功德而散花如雨。"花雨"，佛教语。

图14-39　花雨亭

① 李根源《虎阜金石经眼录》载："仙人石，正书，高约二尺，摩生公讲台，今侧置台畔。"现在的仙人石已移砌在五十三参东侧仙人洞前。

行书。款署"乙丑仲冬程远书"。

对联（图 14-40）：

俯水鸣琴游鱼出听；
临流枕石化蝶忘机。

面对溪水抚琴弹弦，引来游鱼出听；临靠着流水，以石为枕，仿佛像庄子一样梦见自己化成蝴蝶，忘却了一切凡俗的巧诈机心，自由恬淡。

款署"乙丑九月，吴县潘景郑，时年七十有九"。

图 14-40　对联

九、六角亭

匾额（图 14-41）、**摩崖**（图 14-42）：

可中亭

藏典额。南朝宋时，生公于石上讲经，宋文帝大会僧众，施食，有人说过午不食，宋文帝说现在刚到中午，生公也说时值日中，僧众开始举箸而食。为纪念此事名亭。后来引唐代刘禹锡诗"一方明月可中庭"句又称"可月亭"。

匾额为篆书，为徐穆如补书。摩崖为山西曲沃县商人立。

图 14-41 可中亭匾额

图 14-42 可中亭摩崖

石柱对联之一（图 14-43）：

顽石听经，禅心默契；

名山埋剑，胜迹长留。

生公讲经、顽石点头，禅心相印；阖闾墓埋三千宝剑，虎丘名胜之地更留下
脍炙人口的故事。述事联。

款署"民国乙亥九月，吴铭常撰并书"。吴铭常，号鼎丞，吴荫培小儿子。

石柱对联之二（图 14-44）：

千树梅花浮岭雪；

一天明月照潭寒。

图 14-43　石柱对联之一

图 14-44　石柱对联之二

千树梅花盛开，就像飘浮在山上的雪花；月光满天照寒池。写景联。

行书，无款。

门宕砖额（图 14-45）：

入解脱门

意谓进入了可以摆脱人生三苦、八苦乃至无量诸苦等烦恼业障系缚而复归
"无我"的自在之门，即无色、受、想、行、识等五蕴。

楷书。款署"主持心传立，西园印真书"。

图 14-45　入解脱门

十、悟石轩

匾额（图 14-46）：

悟石轩

参悟生说法中点头石的屋子。此轩在虎丘山正中高地，俯临白莲池中有"点头石"，故名。后又跋语："轩又名'得泉'，建于明，移于清，倾圮又修。兹逢中华昌明，重葺焕新，游憩观览，感今之胜昔也。"

图 14-46　悟石轩

款署"一九八三年仲冬沈延国书于吴门自得斋"。沈延国（1914—1985 年），沈瓞民之子，曾师从章太炎，与杨宽等编著有《吕氏春秋集解》。

对联之一（图 14-47）：

蘼芜细雨山连郭；
翡翠斜阳水满川。

蒙蒙细雨润香草，青山旁连着城郭；斜阳照山岗，一片葱绿，犹如翡翠一般，流水满山川。清代朱彝尊《静志居诗话》所引明沈周诗名句。

行书。款署"稼研徐定戡"，徐定戡（1916—2009 年），别署稼研，以曾得清初潘稼堂所畜秋水明霞端溪佳研，固以自号焉。祖籍浙江绍兴盛陵，后为上海文史馆馆员，书法行书如行云流水，自然流畅，不矫揉造作，却娟秀清丽。

对联之二（图 14-48）：

烟霞常护林峦胜；
台榭高临水石清。

图 14-47　对联之一　　　　　图 14-48　对联之二

烟云霞彩蒙笼于树木山峦之上，煞是好看；台榭高踞山巅，眼前水清石秀，真美！

原玄烨题行宫联，今钱大礼补书。草书。钱大礼（1927—2016年），生于上海，曾用名平雷、平一、明一、钱青、江峯。祖籍江苏无锡鸿声里乡。著名国画家。华夏书画学会常务副会长、西泠印社社员、浙江省中国花鸟画家协会顾问、唐云艺术委员会委员、杭州市美术家协会常务理事、陈振濂后援会副会长、澳大利亚中国美术家协会顾问。

门宕砖刻（图14-49、图14-50）：

扫花（西）　漱石（东）

图 14-49　扫花（西）　　　　　　　　图 14-50　漱石（东）

扫落花。"漱石"为《世说新语》孙楚"枕流漱石"之缩语，表示在山里隐居之意。

十一、孙武子亭

匾额（图14-51）：

孙武子亭

民国《吴县志》载："孙子祠在虎丘山浜内，祀吴将孙武子，清嘉庆十一年（1806年），孙星衍即一榭园改建为亭"，清咸丰十年（1860年）毁，故于今所

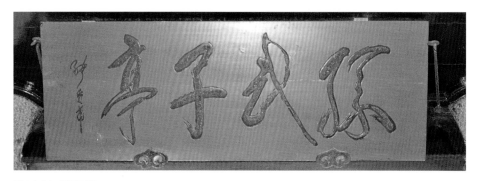

图 14-51　孙武子亭

重建孙武纪念亭。孙武，字长卿，据苏州《甲山北浮孙氏宗谱》载，本姓田，命开，字子疆，为田完之六世孙（一说本姓陈，是春秋时期陈国公子陈完的后代）。来吴前，为齐大夫，食采乐业，入吴后更姓孙，孙膑为其曾孙。孙武是中国乃至世界的兵法之祖。写出一代巨著《孙子兵法》，后人尊称其为孙子、孙武子、兵圣、百世兵家之师、东方兵学的鼻祖。据史书记载，吴王阖闾曾命孙武小试兵法于吴宫，孙武以吴王二宠姬为队长，孙武以部队不听指挥，命执法官斩队长于军前。此后，宫女们前进后退，动作准确，左右回旋，寸步不乱。故而，张爱萍

图 14-52　孙武子亭诗碑

将军题诗："孙子兵法，克敌制胜。娇娘习武，佳话流传。"（图 14-52）诗碑阴面为吴进贤书的《孙武子亭记》。

张爱萍书。张爱萍（1910—2003 年），四川达县人。中国人民解放军上将，现代国防科技建设的领导人之一。英姿儒雅，文采风流，以"军中才子""马上诗人"名于世。

十二、东丘亭

匾额（图 14-53）：

东丘亭

亭在千人石东的土丘上，因名。

款署"静漪书"。

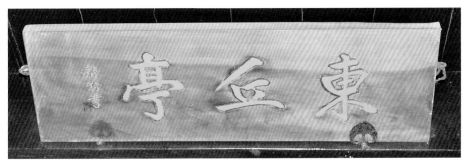

图 14-53　东丘厅

对联（图 14-54）：

负郭烟云堤七里；
邻溪箫管石千人。

近城郭之处烟云缭绕，山下的堤岸长七里。旁边的溪水边箫管笙歌，平坦的大石上可坐千人。

款署"顾云美移居塔影园诗句，乙丑之冬亚如书于扬州扫垢山庄"。李亚如，曾任扬州国画院院长。

十三、剑池

石壁刻字（图 14-55）：

虎丘剑池

楷书。旧传"剑池"二字为唐代大书法家颜真卿书，"虎丘"两字岁久剥落，明万历四十二年（1614 年），苏州石刻名家章仲玉钩摩补刻，故有"假虎丘真剑池"之说。据《虎丘山志》记载，其旁有"马之骏题跋"曰："'虎丘剑池'四字为颜鲁公书。旧石刻二方，方二字，龛置剑池傍壁间，岁久剥蚀，'虎'字且中断矣。予求章仲玉勾勒镌之别石，出旧'剑池'二字于土中，

图 14-54 对联

与新摹'虎丘'字，并益以石座，庶可传久……仲玉，吴中名手，为王弇洲先生所赏识，摹此石不一月即化去，盖绝笔也。"至清康熙三年（1664 年）期间，石刻曾断裂，后经再次修缮，始成今日嵌于石壁的"虎丘剑池"石刻景点。（详见殷虹刚《虎丘剑池石刻考》）

图 14-55　虎丘剑池

剑池圆洞门额（图 14-56）：

别有洞天

图 14-56　别有洞天

别有一番天地。入洞门即为剑池。

楷书。款署"小钝",即吴曾善。

剑池摩崖（图 14-57）：

剑池

水池狭长呈平放的宝剑形状,故名。《吴地记》曰:"阖闾葬其下,以扁诸、鱼肠等剑三千殉焉,故以剑名池。"

元周伯琦篆书,周伯琦（1298—1369 年）,字伯温,鄱阳人,官浙江行省左丞。工书法,尤以篆隶真草擅名当时。

剑池石壁摩崖之一（图 14-58）：

风壑云泉

图 14-57 剑池

图 14-58 风壑云泉

风生幽谷云锁碧泉。此处崖壁参天,洞壑深邃,抬头望去,"双井石梁"高悬于半空。

行书。传为北宋米芾所书。米芾（1051—1107 年）,字元章,号鹿门居士、襄阳漫士、海岳外史,世称米南宫。吴人,祖籍太原,后徙湖北襄阳,晚居江苏镇江。宣和时擢为书画学博士。爱石成癖,书法为北宋书学四大家之一。

剑池石壁摩崖之二（图 14-59）：

水银为海接黄泉,一穴曾劳万卒穿。

漫说深机防盗贼,难令枯骨化神仙。

空山虎去秋风后,废榭乌啼夜月边。

地下应知无敌国,何须深葬剑三千!

明高启诗

吴王夫差大兴土木，筑阖闾墓，有以宝剑三千殉葬以及阖闾墓上曾白虎蹲踞等传说。高启的《阖闾墓》诗，围绕阖闾墓的有关传说展开抒写，寄寓了一定的兴亡之感。高启（1336—1374 年），字季迪，号青丘子，明长洲（今江苏苏州）人。洪武初召修元史，授编修。擢户部侍郎，辞归。后因事被杀。与杨基、张羽和徐贲并称为明初"吴中四杰"。

篆书。

剑池石壁摩崖之三（图 14-60）：

高山流水　寒潭剑影

虎
丘

图 14-59　高启七言律诗

图 14-60　高山流水　寒潭剑影

图 14-61　冷然　蛟龙听法

"高山流水"，一种视觉感受，使人联想到伯牙和钟子期的故事。"寒潭剑影"，针对剑池传说和三千宝剑殉葬的传说而言。在"高山流水"旁，还有残缺的清佟彭年诗刻等。虎丘剑池两侧题名、题记众多。

"高山流水"，款署"光绪丙戌平湖王成瑞为琴僧云间题"，隶书。"寒潭剑影"，款署"民国十四年六月，福建厦门集美学校童子军游此留题"，楷书。

剑池石壁摩崖之四（图 14-61）：

泠然　蛟龙听法

"泠然"，寒凉、清凉貌，形容此处景色幽清独绝。"蛟龙听法"，唐代《通幽记》中就有蛟龙潜藏水中的传说，贾岛《千人石》诗云："碧池藏宝剑，寒涧宿潜龙"，此处临近生公讲台，故有"蛟龙听法"之说。

"泠然"，款署"海滨琴客顾韵泉题"，篆书。"蛟龙听法"，款署"蒋尔第题"，楷书。蒋尔第曾于崇祯年间任苏州府同知，署昆山县事。

十四、雪浪亭

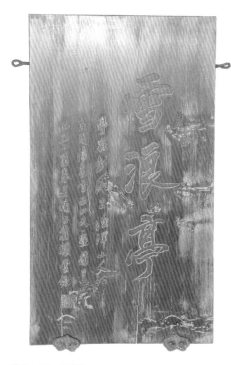

图 14-62　雪浪亭

匾额（图 14-62）：

　　雪浪亭

白浪如雪。想象性题咏。有题识曰："亭在剑池上，渔洋山人诗'高阁满春雪，西山如画图'是也。"王士禛（1634—1711 年），字子真，号渔洋山人，清顺治十五年（1658 年）进士，有《虎丘雪浪轩眺望》诗："高阁满春雪，溪山如画图。""西"或为"溪"的误记。

行书。款署"乙丑小阳春月补书旧额，云乡"。

对联（图 14-63）：

<blockquote>
登高丘而望远海；

倚长剑以临八荒。
</blockquote>

登上高丘可以望见远处的大海，身佩长剑走遍天涯海角。

于右任行书旧联。于右任（1879—1964 年），原名伯循，字诱人，后以"诱人"谐音"右任"为名；别署"骚心""髯翁"，晚年自号"太平老人"。祖籍泾阳。我国近现代著名政治家、教育家、书法家。复旦大学、上海大学、国立西北农林专科学校（今西北农林科技大学）等中国近现代著名高校的创办人。于右任精书法，早在 20 世纪 20 年代便有"北于南郑"之称，"南郑"指郑孝胥。尤擅草书，首创"标准草书"，被誉为"当代草圣"。

图 14-63　对联

十五、巢云廊

匾额（图 14-64）：

巢云廊

白云筑归巢之廊。有跋语曰："沿幽壑巉岩之上，昔有飞廊一带，曰'巢云'。此虎丘一奇胜，毁废已久，四十年来屡谋恢复，今得实现，喜为题记。"清乾隆二十二年（1788 年），僧祖通在铁华岩上建巢云阁，居高临下，有身处云天之感，故名，阁于咸丰同治年间废，1953 年苏州园林整修委员会拟建，1990 年建成。

款署"公元一九九〇年二月，谢孝思"。

图 14-64　巢云廊

匾额之一（图 14-65）：

致爽阁

招来西山爽气之阁。源于《世说新语·简傲》篇王子猷"西山朝来，致有爽气"。

白云楼主郑定忠书额。

图 14-65　致爽阁

匾额之二（图 14-66）：

虎伏

图 14-66　虎伏

吴王阖闾葬后，据说虎丘山顶有白虎蹲伏，又虎丘形如蹲虎，故致爽阁因而又名"虎伏阁"。

于右任书。

对联之一（图 14-67）：

高阁随憩，遣怀增爽气；
虚窗遥眺，纵目俱清晖。

图 14-67　致爽阁中堂联

高大的楼阁随心休憩，借景抒发情怀是为高阁添爽气；透过窗户向远处看，满眼都是山水明净的光泽。

崔护撰句，谭以文书。

对联之二（图 14-68）：

丝雨日脆明，情知柳眼犹寒，芳意不如水远；
绮丛香霭①隔，先共疏梅索笑，佳辰且醉提壶。

蒙蒙细雨中日色也朦胧，杨柳虽然吐丝了，但是还带有寒意，思归的美意还不如那渺远的春水。绮丽的花丛散发的香味被隔断了，但还记得我这个疏狂之客，料峭春寒花未遍，先和梅花一起乐，在此佳辰良宵，一醉方休！集宋代范成大词为联，出句出《菩萨蛮》和两首《朝中措》，对句出《菩萨蛮》《念奴娇》和《朝中措》。

① "霭"，范成大《菩萨蛮》作"雾"。

图 14-68　对联

款署"瑞安邹梦禅时年八十又二"。邹梦禅（1905—1986年），原名敬栻，一作敬式，字悼堪，号今适，又号大斋、鉼庐，别署迟翁。浙江瑞安人。现代著名书法家、篆刻家。书法工各体，以篆书、行草见长，书风劲挺秀雅，能于平正中见流动。篆刻取法汉印，借助于周秦古玺，旁及明清诸家，所用沉雄朴厚，巧拙相生，融各家之长而出自己貌。

致爽阁对联之三（图14-69）：

微茫鸿影，重叠云衣，笑拍栏杆呼范蠡；
远草情钟，孤花韵胜，旋移芳槛引流莺。

天空重重叠叠的云层，如衣服一般一层又一层，云间飞鸿也只能在微微茫茫中看到些许影子。遥望太湖，想起泛舟太湖的千古高人范蠡，禁不住拍栏大笑。远处的草，风韵独好的孤花，马上把花草移进槛内，引来美丽的黄莺儿。集宋代周草窗词，出句出《庆宫春·送赵元父过吴》和《乳燕飞》，对句出《踏莎行·与莫两山谭邗城旧事》和《浣溪沙·不下竹帘怕燕瞑》。

苏渊雷1985年书。

阁南洞门砖额（图14-70）：

小五台

中国四大佛教名山之首的山西五台山，五座高峰连绵环抱而峰顶平坦如台得名。致爽阁处于虎丘塔西南平地上，周围地形略似五台山，故名"小五台"。

楚光书。楚光法师，1921年生，江苏兴化人，原寒山寺住持。曾任江苏省佛教协会理事、苏州市佛教协会常委，苏州市金阊区政协常委等职。自幼学教学医，练习书法，是中国书法家协会研究员。擅行书，尤工小楷。

图14-69 致爽阁对联

图 14-70　小五台

十七、云岩寺塔院

塔院南洞门砖额（图 14-71、图 14-72）：

　　　　海涌岚浮（面南）　静远（面北）

海涌山上烟绕云浮。静静地观看，产生悠远的情思，虎丘旧有"静观斋"。
"海涌岚浮"为张爱萍于 1988 年书。"静远"为康熙御书。

图 14-71　海涌岚浮（面南）

图 14-72　静远（面北）

塔院西南门楼砖额（图 14-73、图 14-74）：

水云深处（面南） 天光云影（面北）

水和云相接的地方。天上的光亮、云彩倒映在水中的影子。"天光云影"取自宋代朱熹"天光云影共徘徊"诗句。

图 14-73　水云深处（面南）

图 14-74　天光云影（面北）

塔院东北门宕砖额（图 14-75）：

虞印[①]

虞山之印。有跋语曰："虎丘山寺伽蓝殿北有小楼正对虞山，山静水幽，风物宜人。"虞山如框进门中，故名。

① "虞印"门下为"百步趋"，俗称"一百零八级"，是通往后山之阶梯，和南面的五十三参相对，意即三世一切颠倒之六根、六尘、六入通通忘却。

图 14-75　虞印

塔碑额（图 14-76）：

云岩寺塔

云岩寺塔俗称"虎丘塔"。始建于周显德六年（959 年）已未，完成于宋建隆二年（961 年），至今已有一千多年的历史，是江南唯一现存的砖结构古塔。明代时，塔顶第七层已开始向西北倾斜，被称为中国的比萨斜塔。

云岩寺塔陈列室匾额（图 14-77）：

云岩寺陈列

此室主要展示新中国成立后云岩寺塔二次维修加固的工程情况及原件、模型等。

罗哲文书额。

图 14-76　云岩寺塔

图 14-77　云岩寺陈列

云岩寺塔陈列室对联（图14-78）：

海涌何年，纵鳌绝岩平地起；
塔见几级，艳阳皎月半天来。

虎丘山从海中涌出是什么年代，平地上建立了陡峭的山崖和沟壑；虎丘塔显露出多少层，半天处悬挂着明亮的太阳和月亮。

程质清篆书。

十八、第三泉

洞门砖额（图14-79）、**方形水池摩崖**（图14-80）：

第三泉

此为一丈见方的方形水池。据说，唐代茶神陆羽品尝此泉后，觉其水味甘冽质厚，为天下第三，故又称"陆羽井"。在第三泉西门面西砖刻"陆羽井"（图14-81），面东砖刻"石冷泉清"（图14-82）。

砖额"第三泉"为申时行后裔申璋书。摩崖"第三泉"为芝南书。"陆羽井"款署"乙丑十月，陆俨少书"。陆俨少（1909—1993年），又名砥，字宛若。上海嘉定南翔镇人。擅画山水，尤善于发挥用笔效能，以笔尖、笔肚、笔根等的不同运用来表现自然山川的不同变化。书法亦独创一格。"石冷泉清"，徐穆如书。

图14-78 云岩寺塔陈列室对联

图14-79 月洞门砖刻"第三泉"

图 14-81 砖刻"陆羽井"

图 14-80 方形水池石壁摩崖"第三泉"

图 14-82 "石冷泉清"

亭额（图 14-83）：

三泉亭

小亭于第三泉旁跨崖而建，可于此地烹茶宴坐，故名"三泉亭"。

邓云乡书。

图 14-83 三泉亭

摩崖（图 14-84）：

品泉　汲清

明正德年间，长洲知县高第曾于此地重疏沮洳，构筑品泉、汲清二亭，故三泉亭边上有"品泉""汲清"的摩崖。

"品泉"为周退密书。"汲清"款署"夷斋"，钱定一书。

摩崖（图 14-85）：

铁华岩

岩壁秀美如铁色之花。

清范承勋书。范承勋（1641—1714 年），清初开国宰辅、文臣领袖范文程之三子，官至云贵总督、江南江西总督、兵部尚书、太子太保。

6

图 14-84　品泉　汲清

图 14-85　铁华岩

十九、冷香阁

东外墙篆刻（图 14-86）、**门楼南砖刻**（图 14-87）：

冷香阁

图 14-86　东外墙篆刻"冷香阁"

图 14-87　门楼南砖额（冷香阁）

梅香飘溢之阁。阁下东、南、西三面植红、绿梅数百株，"冷香"为梅花的别称，因名。阁内装饰、陈设、书画、匾联也多与梅花相关。

东外墙为华阳十五龄童洪衡孙篆书。门楼南砖额款署"乙丑嘉平，王京盦"。

门楼北砖额（图 14-88）：

明月前身

纯静皎洁的明月是我的前身。借颂梅花的洁白纯净。出唐代司空图《二十四诗品·洗炼》。

顾廷龙篆书。

图 14-88　门楼北砖额（明月前身）

东北洞门砖刻（图 14-89）：

吹香嚼蕊

梅花飘香，花蕊可嚼。

周退密书。

图 14-89　吹香嚼蕊

北面洞门砖刻（图 14-90、图 14-91）：

远引若至（面南）　苔枝缀玉（面北）

"远引若至"，言超脱的心神远远地向这种境界行进，似乎已经快要到达，然而临近一看却又不是。出唐代司空图《二十四诗品·超诣》："远引若至，临之已

图 14-90 远引若至（面南）

图 14-91 苔枝缀玉（面北）

非。"苔枝缀玉"，苔梅的枝梢缀着梅花，如玉晶莹。语出姜夔词《疏影》。

　　"远引若至"为王西野书。"苔枝缀玉"为冯其庸书。冯其庸（1924—2017年），名迟，字其庸，号宽堂。江苏无锡人。著名红学家、史学家、书法家、画家。书法宗二王，画宗青藤、白石。他的画有"写"的特色，反映了他在书法方面的造诣。书法中又反映出画的谋篇布局和笔墨韵致。所作书画被誉为真正的文人画。书法神清气朗，意远韵长，最喜行书，尤其钟情于王羲之的《圣教序》。

　　楼上匾额之一（图 14-92）：

图 14-92　冷香阁

梅花幽香之阁。

高振霄书。高振霄（1877—1956 年），高式熊之父，字云麓，别署闲云，号顽头陀、洞天真逸，年七十自称四明一个古稀翁。室号云在堂、静远斋、洗心室。浙江鄞县（今属宁波）人。光绪三十年（1904 年）进士，晚清翰林院编修。新中国上海市第一批文史研究馆馆员、著名书法家。

楼上匾额之二（图 14-93）：

旧时月色

图 14-93　旧时月色

还是从前那样的月色。语出姜夔词《暗香》。

俞平伯书。

楼上对联之一（图 14-94）：

何须岩谷栖迟，杰阁凭高，茶酽香温留胜赏；
莫问沧桑变幻，巡檐索笑，春前雪后见南枝。

何必去山谷中游玩休憩，登临高阁，喝着浓茶，闻着柔和的香气，为了看风景而停下；下雪后将迎来春天，不问世事如何变化，在檐前来回走动，引梅花为知己，逗乐取笑。

图 14-94　冷香阁楼上中堂联

款署"冷香阁惠存，王西野撰句，瓦翁书，年九十五"。

楼上对联之二（图 14-95）：

高阁此登临，试领略太湖帆影、古寺钟声，有如
　　蓟子还乡，触手铜仙总凄异；
大吴仍巨丽，最惆怅恨别惊心，感时溅泪，安得
　　生公说法，点头顽石亦慈悲。

登临这座高阁，可以远眺太湖中的点点帆影，聆听古寺传出的钟声，好像蓟北游子还乡，手扶栏杆，却总有金铜仙人辞汉的凄凉之感；吴地仍是如此壮丽，最令人惆怅的是感时恨别，对花溅泪，听鸟惊心，哪里非得听生公说法，才能使顽石感悟、大慈大悲呢？

款署"张一麐旧联，乙丑冬日西泠郭仲选补书"。张一麐（1868—1943年），字仲仁、峥角，号公绂，别署民傭、红梅阁主。江苏吴县（今江苏苏州）人，北宋横渠公之后。清光绪十一年（1885年）

图 14-95　冷香阁楼上对联

举人。辛亥革命后，曾任国务院内阁教育总长、总统府秘书长等职。有《心太平室集》传世。

楼上对联之三（图 14-96）：

榛莽一丸泥，赖名士题碑，英雄葬剑；
梅花三百树，有远山环抱，高阁凭陵。

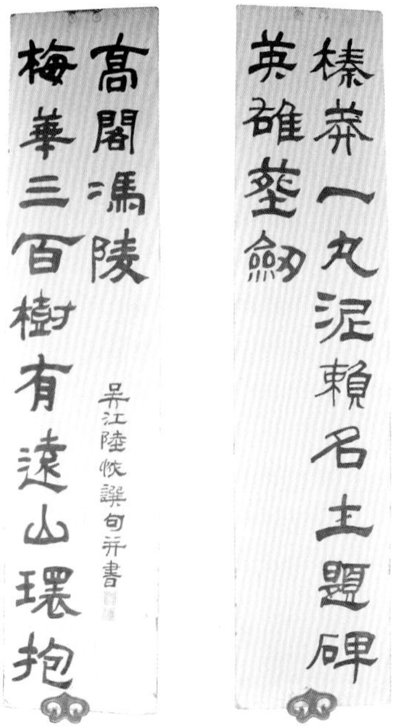

虎丘山原来就像丛生的草木中的一粒泥丸，靠历代名士的题咏、英雄阖闾墓及所葬的三千把宝剑，名传千古；冷香阁前有三百株梅花吐香，远处有群山环抱，登临高阁，心旷神怡。

陆恢撰书。陆恢（1851—1920 年），江苏吴江人，字廉夫，号狂庵，工画善书。

楼上东西门宕砖额（图 14-97、图 14-98）：

涤尘　纳秀

洗涤尘埃。吸纳秀色。

图 14-96　冷香阁楼上对联

图 14-97　涤尘

图 14-98　纳秀

楼下匾额（图 14-99）：

巡檐索笑

图 14-99　巡檐索笑

在檐前来回走动，引梅花为知己，逗乐取笑。语出唐代杜甫《舍弟观赴蓝田取妻子到江陵喜寄三首》其二："巡檐索共梅花笑，冷蕊疏枝半不禁。"

苏渊雷书。

楼下对联（图14-100）：

潭水光中塔影；

梅花香里钟声。

水光塔影；梅花飘香，寺内钟响。

王遐举书。

楼下东西门宕砖额（图14-101、图14-102）：

暗香　疏影

暗香，幽香，梅花代称。疏影，疏朗的影子。取宋代林逋《山园小梅》："疏影横斜水深浅，暗香浮动月黄昏"诗意。

图14-100　冷香阁楼下对联

图14-101　暗香

图14-102　疏影

二十、石观音殿

砖额（图14-103）：

古石观音殿

图14-103　古石观音殿门额

石观音殿始建于宋熙宁七年（1074 年），石观音因梦而立，故又名应梦观音殿。2006 年发掘出石观音殿遗址并加以保护，有应梦观世音菩萨刻像等。

款署"楚光左笔"。

对联（图 14-104）：

杨柳枝头甘露洒，
恒沙世界宝莲开。

图 14-104 石观音殿对联

摘引自上海静安寺联，原联曰："誓深似海，善应诸方，杨柳枝头甘露洒；发大慈悲，成妙功德，恒沙世界宝莲开。"（作者真禅法师）以杨柳枝蘸取净瓶中甘露水拂洒人间，消除众生的烦恼与病灾；像恒河里的沙子那样无量无边的世界，宝莲花盛开着，不受秽土污染。杨枝观音，又名"杨柳观音""药王观音"，位列三十三观音之首，其造型大多为一手持杨枝，一手托净瓶。杨枝，也是古代僧人除垢洁齿之物，作为涤除烦垢、心地清净的象征。印度人宴客时，多赠杨枝、净水，表示诚恳和坦诚。观音手持杨枝、净水，象征慈悲为怀的诚意。杨柳又具有旺盛的生命力，以杨柳枝喻佛法，生机勃勃。莲花因为出淤泥而不染的高雅气质，与佛教清净无碍境地吻合，故成为佛像下的莲花座或手持之物。

己卯年正月八日海右韩美林书。山东古代有"海右""海岱"之称。

二十一、申公祠

匾额之一（图 14-105）：

申文定公祠

图 14-105 申文定公祠

据《虎阜志》记载："申文定公祠，在三泉亭南，祀明少师大学士时行。"申时行，字汝默，号瑶泉，又号休休居士。江苏长洲人。生于嘉靖十四年，卒于万历四十二年，终年八十岁，嘉靖四十一年进士第一，官至吏部尚书、中极殿大学士，赠太师，继张四维后为首辅，谥文定，著作有《赐闲堂集》四十卷，《书经讲义会编》十二卷，《召对录》一卷，《纶扉牍草》十卷等。

匾额之二（图14-106）：

剑气禅心

图 14-106　剑气禅心

"剑气禅心"指人的才华、才气英武之气以及清静寂定的心境。

范敬宜恭题。范敬宜（1931—2010年），江苏苏州人。为范仲淹的第二十八世孙。师从吴门派名家樊伯炎。1951年毕业于上海圣约翰大学中系。精于诗书画，当代著名新闻工作者。

对联（图14-107）：

卧虎宝地，王气直射天阙；
藏龙神泉，剑芒森穿地宫。

相传春秋时期，吴王夫差葬其父阖闾于虎丘，幽宫之中"扁诸、鱼肠之剑三千在焉"，葬后日，有白虎踞墓上。"神泉"指剑池。虎丘山上，征帝王运数的祥瑞之气笔直指向天上的宫阙；剑下，剑锋发出的光芒森森穿过地下宫阙。

宽堂冯其庸撰并书。

图14-107　申公祠对联

二十二、御碑亭（御书阁旧址）

匾额（图 14-108）：

御碑亭

图 14-108　御碑亭

北宋景佑四年（1037 年），虎丘特建阁藏宋真宗御书三百卷，后因失火被焚。清光绪十三年（1887 年），江苏巡抚崧骏，在原地重建御碑亭，亭中立有三块康熙、乾隆的御诗碑，中碑阳面为康熙《吴水》诗，阴面为乾隆《穗农》诗；东碑阳面为乾隆《恭奉皇太后游虎丘即景三首》诗，阴面为乾隆《云岩春阳》诗；西碑阳面为乾隆《庚子仲春，虎丘寺五叠苏东坡韵》诗，阴面为乾隆《甲戌暮春上浣，六叠苏东坡韵》诗。

徐伯荣书。徐伯荣，又名徐书，徐悲鸿的侄子，1930 年出生于武进，祖籍宜兴。自小酷爱书法，拜著名书法家程可达教授为师，以隶书称雄。现任徐伯荣艺术馆馆长，世界教科文卫组织专家成员，世界华人艺术家协会副会长，中国书画家协会理事研究员，中国书法家国际协会名誉主席等职。

二十三、千顷云阁

匾额（图 14-109）：

千顷云

额取宋代苏轼《虎丘寺》"云水丽千顷"之诗句为名。今阁为 1982 年重建，沿用旧名。阁位于山顶寺后，无前山之喧嚣，有空濛浩渺之趣："阁外云千顷，

图 14-109　千顷云

风前首重搔。倚阑双鸟下，落日乱山高。积水连横浦，疏林带远皋。泠然发清啸，吾意欲凌嚣。"（明代文徵明《千顷云阁》）

　　对联之一（图 14-110）：

　　　　波长先得月；
　　　　山秀自生云。

　　波长先得月，系从近水楼台先得月化出，着眼于看水，是俯瞰之景；山秀自生云，则仰观山色，古人以为云乃触石而生，虎丘前山多石，可以想象天上云彩乃触山石而生成。实际上虎丘之山不高，联语使山在想象中高耸起来，也属艺术的夸张。

　　原玄烨撰行宫联，今沈迈士重书。

　　对联之二（图 14-111）：

　　　　云梦气吞八九；
　　　　沧溟水击三千。

图 14-110　千顷云阁对联之一

　　气吞浩渺云梦泽，八九在胸中；水击沧浪水三千里，抟扶摇而上者九万里。上联用司马相如《子虚赋》中描写的"吞若云梦者，八九于其胸中"意，下联用《庄子·逍遥游》"鹏之徙于南冥也，水击三千里，抟扶摇而上者九万里"的典故。

　　款署"虎丘虞公松禅老人书联，今重为书之，乙丑水仙初苗子"。翁同龢撰书，黄苗子 1985 年重书。翁同龢（1830—1904 年），号松禅。江苏常熟人。黄苗子（1913—2012 年），广东中山人。当代知名漫画家、美术史家、书法家、作家。早年师从邓尔雅先生学书法。书法粗砺刚猛。中国美术家协会理事、中国书法家协会常务理事、全国文联委员，第五、六、七届政协全国委员会委员等。

南廊门宕砖额（图 14-112、图 14-113）：

云合　雾集　骑云

"云合"，云气聚合；"雾集"，雾气聚集。出自南朝顾野王《虎丘山序》"云合雾集，争歌颂于林泉"。"骑云"，则为乘云、驾云的意思。

西北洞门砖额（图 14-114、图 14-115）：

摩云（面东）　通幽（面西）

"摩云"，高接云霄；"通幽"，通往幽深之处。

"摩云"为周退密书。"通幽"无款。

图 14-111　千顷云阁对联之二

图 14-112　云合

图 14-113　雾集　骑云

图 14-114　摩云（面东）　　　　　　图 14-115　通幽（面西）

二十四、五贤堂

门宕砖额（图 14-116）：

旷代风流

绝代风流人物。

祝嘉书。隶书。

匾额（图 14-117）：

五贤堂

五贤堂为纪念唐代韦应物、白居易、刘禹锡和宋代王禹偁、苏轼等五位贤德之人而建，因名。原名"五贤祠"。现中堂挂有《五松图》，后题跋为："丁卯初

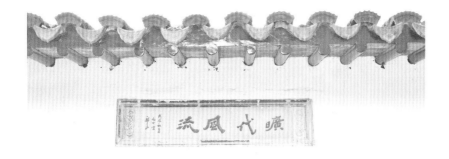

图 14-116　五贤堂南门砖刻（旷代风流）

图 14-117　五贤堂

夏，夷斋、西野合作于虎丘五贤堂，退密题。"
顾廷龙书额。

对联之一（图14-118）：

> 天下苍生待霖雨；
> 古来贤守是诗人。

天下百姓等待着雨露恩泽，古代苏州的贤良太守都是诗人。出句为宋代政治家、文学家王安石作《龙泉石井二首》诗中语。对句出《陈与义诗集》卷一《次韵景纯道中寄大成》。堂中所祠"五贤"，均为进士出身的地方官，他们都是中国文学史上著名的诗人。联语高度概括了五人的共性。

陈豪书。行书。

对联之二（图14-119）：

> 朝烟夕霭，诸岚收万象之奇，公等文章俱在；
> 雅调元衿，异代结千秋之契，谁堪俎豆其间！

出句颂赞五公文章，光耀千秋，如朝夕之烟霞、山中之云气，幻变万象；对句言五公虽生不同代，但才情品性都有许多共同之处，都为具有士大夫社会责任感和道义良知的旷世贤才，举世无俦，无人可以与之匹敌，受到后人隆重的祭奠。"元"即玄，避清康熙帝玄烨名讳改，是黑里带微赤的颜色。"衿"，古代衣服的交领，泛指衣服。"玄衿"，为卿大夫的命服。

明代陈元素撰句，郑逸梅书。郑逸梅（1895—1992年），出生于上海江湾，祖籍安徽歙县。父早殁，依苏州外祖父为生，改姓郑。参加南社。笔耕不辍，以"补白大王"闻名，作品以别具一格的小品文体和雅俗共赏的风格赢得好评。书法神完气足。

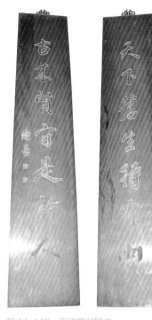

图14-118　五贤堂对联之一

图14-119　五贤堂对联之二

二十五、万家烟火

方亭匾额（图 14-120）：

图 14-120 万家烟火

万家烟火

在此可以观望远眺苏州古城的万家烟火，因名。这是一处由廊与小方亭组成的建筑，位于小吴轩之北，虎丘山顶之东北端。

夷斋书。夷斋，即钱定一。

对联（图 14-121）：

七里旧池塘，共几辈交游，连宵诗酒；
三更好明月，况万家灯火，一片笙歌。

七里山塘，和几个朋友相互来往，连夜聚会宴饮；子时月亮皎洁，况且山塘街夜市繁荣，音乐歌舞热闹非凡。七里旧池塘，指的是从虎丘山下开始一直延伸到阊门外的山塘河，河上古桥横跨，沿河形成的山塘街素有"姑苏第一街"之称，街上店铺林立，史载"吴人时常游虎丘，每于山塘泊舟耍乐，多不登山"。虎丘山上有张问陶旧园故址，此为张问陶自题园联。张问陶，号船山，四川遂宁人，清乾隆五十五年（1790 年）进士，曾任莱州知府。

潘振元书。潘振元，苏州当代书法名家。

图 14-121 方亭对联

廊额（图 14-122）：

浮翠

青绿的颜色在浮现。

图 14-122　浮翠

二十六、小吴轩

匾额（图 14-123）：

小吴轩

图 14-123　小吴轩

登虎丘以吴地为小。据传，宋代大文学家苏轼来此，曾说："登泰山望小鲁，登虎丘望小吴"，即《孟子·尽心上》里说的，"孔子登东山而小鲁，登泰山而小天下"之意。朱乐圃又称"小吴轩"为"小吴会"。轩处虎丘山东南隅，望苏台之北。北寺塔、瑞光塔和双塔耸立雾中，塔尖映着夕阳余晖，色彩绚丽，故又名"天开图画"。昔人谓："过吴而不登虎丘，俗也；过虎丘而不登小吴轩，亦俗也。"（《虎丘志》）这里确是远眺下望、挹清风、曝暖日、送夕阳、延素月的绝好去处。

周退密 1987 年书额。篆书。

对联之一（图 14-124）：

落木门墙秋水宅；
乱山城郭夕阳船。

图 14-125　小吴轩对联之一

门墙外树木已经凋落，宅外山水；城郭外则为乱山岗，夕阳下，河中的船匆匆行驶着。是登高所见的一幅秋日老城图。集沈周诗句，此两句为清代朱彝尊

《静志居诗话》所引名句；以为"即此即图之不尽"。

田遨书。行书。田遨（1918—2016年），原名谢庚会、谢天璇，由于父亲是前清进士，因此养成了对书画艺术的爱好。早岁习《焦山瘗鹤铭》《泰山经石峪金刚经》，对颜体用功极深。晚年之书，不主一格，以抒情达意为旨归，质朴自然，伟岸雄强，时或流露草情篆意，或显何道州之意趣，各具天机，风致自远。历任中国作家协会会员、上海市文史馆馆员、上海诗词学会顾问、中国诗词研究院副院长、台北故宫书画院名誉院长、中日俳句交流协会理事等职务。

二十七、望苏台

圆洞门西面砖额（图14-125）：

望苏台

图 14-125 望苏台

望苏台位于虎丘山顶左翼处，可远眺繁华的姑苏城，因名。

颜文樑书。颜文樑（1893—1988年），字栋臣，江苏苏州人，长期寓居上海。著名画家、美术教育家。其父颜元，民国初年为吴中画苑耆宿，幼承家学，十二岁临摹《芥子园画谱》，十三岁临摹胡三桥画作《钟馗》，吴昌硕见而嘉之，为其题字。入学后转向西洋画。1922年与胡粹中、朱士杰创办苏州美术专科学校，1953年后任中央美术学院华东分院副院长，浙江美术学院顾问，中国美术家协会顾问等。

圆洞门东面砖额（图 14-126）：

近寂遥喧

近处安静，而远处却是一片喧闹之声。

款署"戊辰春日浮翠居士迟泉题"。

图 14-126　近寂遥喧

二十八、平远堂

匾额（图 14-127）：

平远堂

平田远野、苍翠交映之堂。平远堂位于五十三参东侧高处，北接五贤堂、望苏台，于此处可远眺古城，故名。

顾廷龙书额。

图 14-127　平远堂

对联之一（图 14-128）：

四面岚光俱入座；
一轮蟾影恰当帘。

四面山上的云气都扑进屋子，天上的月影恰好作窗帘。

原玄烨题行宫联，今瓦翁重书。行书。

对联之二（图 14-129）：

浮云野鹤悠闲境；

绿水青山杳渺间。

图 14-128　平远堂对联之一　　　　图 14-129　平远堂对联之二

心似浮云野鹤般的悠闲；满眼绿水青山在杳杳渺渺之间。

王西野撰，谢孝思书。

门楼砖额（图 14-130、图 14-131）：

平林远野（面西）　深锁绿苔（面东）

图 14-130　平林远野（面西）

图 14-131　深锁绿苔（面东）

　　"平林远野"，此处眺望，林木郁郁葱葱，远处西南诸山连绵不断。"深锁绿苔"，院门深锁，绿苔满地。宋代周邦彦《玉楼春》词曰："夕阳深锁绿苔门，一任卢郎愁里老。"

　　"平林远野"，仿文徵明体。"深锁绿苔"，无款。

二十九、养鹤涧·放鹤亭

石壁摩崖（图 14-132）：

养鹤涧

　　养鹤涧处于天然谷地，林茂草盛，传说唐朝有一位清远道士在这里养鹤，并作了《同沈恭子游虎丘》诗："我本长殷周，遭罹历秦汉。四渎与五岳，名山尽幽窅……勿谓余鬼神，忻君共幽赞。"颜真卿非常爱这首诗，不仅作有和诗《刻清远道士诗因而继作》，而且还写成法帖。20 世纪 90 年代整治谷道，用人工循环水系统和净水设施营造瀑布、踏石、溪流、池塘等景致，平日涓涓细流，下雨时为山涧溪流，充满天然情趣。

图 14-132　平远堂南墙外石刻（养鹤涧）

楷书。无款。

放鹤亭匾额（图 14-133）：

　　　　放鹤

明僧印南曾筑亭养鹤涧，题曰"放鹤"，后毁，1955 年再建此亭，沿借旧名。

程质清书。行书。

放鹤亭柱联（图 14-134）：

　　　剑去虎丘青嶂在；
　　　水枯鹤涧碧苔侵。

出句说虎丘山阖闾墓三千宝剑化为白虎而去，但是青山仍在。对句说养鹤涧干涸，青绿色的苔藓长了出来。渔洋山人王士禛游虎丘诗句，虽是眼前景色，却将虎丘典故嵌入其中，给读者更多玩索的趣味。

冯其庸书。

图 14-133　放鹤

图 14-134　放鹤亭柱联

三十、古木寒泉亭

匾额（图 14-135）：

古木寒泉

图 14-135　古木寒泉

写景额。周围老树虬干，鹤涧溪水潺潺流经亭下，因名。

罗哲文书额。

三十一、鸳鸯亭

匾额（图 14-136）：

鸳鸯

"鸳鸯"比喻形影不离的夫妻。有题识曰："崇祯时，长洲人倪士义负笈异地，年久不归，妻杨氏疑士义死，绝食而亡。士义及第归，闻耗大悲，不久亦气愤而死，后人义之，并葬于此。'鸳鸯'二字乃崇祯帝御赐，今经邑人重建石亭以留古迹。"

篆书。郑定忠 1984 年书。

图 14-136　鸳鸯

对联（图 14-137）：

梁案齐眉媲高士；
吴山埋骨傍真娘。

夫妇举案齐眉可与东汉梁高士媲
美；伉俪埋骨吴地名山近临真娘墓。
邓云乡 1985 年补书。篆书。

图 14-137　鸳鸯亭对联

第三节

虎丘后山

一、玉兰山房

匾额（图 14-138）：

玉兰山房

因房周植玉兰而得名。题识曰："乾隆间任兆麟《虎丘志》云：'昔后山有玉
兰一株，甚古，名冠吴中，传为北宋朱勔由闽移植，今不得见矣。'赏新思旧，
感念沧桑，补书原额，以告游者。"旧时，仲春有"玉兰房看花"的习俗，今玉
兰系后人补植。

许宝骎书额。楷书。

图 14-138　玉兰山房

对联之一（图 14-139）：

天半摇仙珮；

空中倚素妆。

半空中好似摇动着仙女衣带上的瑰瑰玉佩，空中倚着一位穿着洁白服装的仙女。有题识曰："玉兰山房补壁，为录归玄恭《虎丘三官殿观玉兰句》题之。"归庄（1613—1673 年），字玄恭，明末清初书画家、文学家。

款署"时乙丑九秋于海上之石室，四明周退密"。

对联之二（图 14-140）：

仿佛云端明玉树；

恍疑月下舞霓裳。

图 14-139　玉兰山房对联之一　　　　图 14-140　玉兰山房对联之二

仿佛云中的仙树熠熠生辉，好像美女月光下跳着霓裳舞。出自明代顾樵《虎丘大玉兰》诗："琼葩烂漫发春阳，老干嵌空巨石藏。仿佛云端明玉树，恍疑月下舞霓裳。几多梵宇笼香霭，一带楼台荫日光。应是仙家瑶圃种，何时移植此高冈？"

对联之三（图 14-141）：

　　　　冰姿素淡三春暖；
　　　　云魄轻盈九瓣香。

冰姿仙风素净淡雅的玉兰，三春温煦；云魄般纯洁的气质好似九瓣心香。冰姿，语出宋苏轼《木兰花令·梅花》词："玉骨那愁瘴雾，冰姿自有仙风。"

苏州徐伯荣书。

图 14-141　玉兰山房对联之三

二、小武当

青石牌坊石刻（图 14-142）：

吴分楚胜

图 14-142　小武当坊额

吴地分享了楚地之形胜。武当山在湖北，是道教名山，此地原有玉皇殿和真武殿等，故立小武当牌坊，因名。牌坊后有一假山，中有一洞穴称石观音洞。牌坊前为中和桥和水池，"中和"取意汉马融《长笛赋》："皆反中和，以美风俗。"篆书。

三、通幽轩

匾额（图 14-143）：

通幽轩

图 14-143　通幽轩

通往幽胜之轩。唐常建诗有"竹曲径通幽处，禅房花木深"。
子颐书。

对联（图 14-144）：

高人自与山有素；

老可能为竹写真。

图 14-144　通幽轩中堂联

高人与山有同样的本色，北宋画竹名家文与可能画出竹子真容。出句取自苏轼《越州张中舍寿乐堂》诗："青山偃蹇如高人，常时不肯入官府。高人自与山有素，不待招邀满庭户。"青山如同偃卧的高人，不愿起身逢迎官府，高人、青山气骨相同，急切亲近相互赏爱。对句取自苏轼《题过所画枯木竹石三首》（其一）诗："老可能为竹写真，小坡今与石传神。山僧自觉菩提长，心境都将付卧轮。"

李大鹏书。李大鹏，字景仰，安徽合肥人，1942 年生于苏州。中国书法家协会会员，江苏省书法家协会副主席，江苏省书法家协会教学委员会主任，苏州市书法家协会主席。

东西门宕砖额（图 14-145～图 14-148）：

寒姿（内东） 倩影（内西） 山幽（外东） 人静（外西）

图 14-145 寒姿（内东）

图 14-146 倩影（内西）

图 14-147 山幽（外东）

图 14-148 人静（外西）

凌寒的姿态，美丽的月影，山林僻静，没有人声。

四、响师虎泉

井铭（图 14-149）：

响师虎泉

相传在梁天监年间（503—519 年），梁武帝师事的高僧惠响，常常居住在虎丘，但苦于得不到甘泉，于是他俯地侧听，在此凿石为井，泉水涌出，故名。

图 14-149　响师虎泉

五、涌泉亭

匾额（图 14-150）：

涌泉

泉水由下向上冒出。有题识曰："梁僧惠响居虎丘，侧地而听，云有泉，遂凿为井，泉涌三丈，或谓之虎为之跑，即响师虎跑泉之由来也。"

吴溱题额。

图 14-150　涌泉

六、书台松影

石刻（图 14-151）：

和靖读书台

宋代理学家尹焞读书处。尹焞，字彦明，一字德充。河南洛阳人。少师程

图 14-151 和靖读书台

颐，曾去京城求取功名，但考题是"议诛元佑党人"，因为不愿意加入钩心斗角的党派之争而离京。靖康元年，尹焞经举荐召至京师，宋钦宗赐号"和靖处士"，后金人入侵中原，国破家亡，他辗转至苏州，寓居虎丘后山，其读书处被称为"和靖读书台"。

匾额（图 14-152）：

书台松影

图 14-152 书台松影

读书处所见到松树树荫。该处时闻松涛阵阵、书声琅琅。

沙曼翁书额。

书室匾额（图 14-153）：

三畏斋

图 14-153 三畏斋

图 14-154　书室对联

君子有三种敬畏之书斋。源出《论语·季氏》："君子有三畏：畏天命、畏大人、畏圣人之言。小人不知天命而不畏也，狎大人，侮圣人之言。"尹焞自榜其书室曰"三畏斋"，著有《论语解》《和靖先生集》。嘉定七年（1214年），郡守陈芾于三畏斋旧址建尹焞祠，端平二年（1235年），提举曹豳奏请获准，将祠改为和靖书院，是苏州书院中最早的一座。

书室对联（图 14-154）：

> 松风虚夕响，欲问台何处；
> 云月暝山居，何人更读书？

松风簌簌，夜晚的响声使得山谷更幽深，想问读书台在什么地方？云里的月亮使得山中的居所更加昏暗，什么人晚上还在读书？集自清代诗人任思谦诗《和靖先生读书台》："欲问台何处，何人更读书？松风虚夕响，云月暝山居。不少探幽客，谁寻三畏庐。清修邈无及，惆怅意如何？"

瓦翁书。

小轩匾额（图 14-155）：

松籁轩

风吹松树发出的自然声韵，故以名轩。周围植有松树。

图 14-155　松籁轩

七、分翠亭

匾额（图 14-156）：

分翠

分享翠色。有题识曰："虎丘前后山之间，种竹为界，筑亭以憩游人。"

王西野题额。

图 14-156 分翠

八、云在茶香

匾额（图 14-157）：

云在茶香

图 14-157 云在茶香

取唐代杜甫《江亭》"水流心不竞，云在意俱迟"和卢延让《松寺》"茶香时拨涧中泉"诗句意。茶室长廊有《大方上人焙茶图》，图上附注曰："虎丘云岩茶，色白如玉，香味似兰，历朝文人多有题咏。明万历时，寺僧苦大吏需索，薙除殆尽，后有高僧大方护培残株，新芽得数十本，焙烹自奉，故得以递植至今。亦名山有幸爱作斯匾以记由缘也。甲申长夏吴门王锡麟并记。"王锡麟，高级工艺美术师，1938 年生于苏州，擅长人物画。现为江苏省国风书画院副院长、苏州画院副院长、苏州吴门书画院院长、中国民主同盟苏州书画会会长。

钱仲联书额。

对联之一（图 14-158）：

瞻彼西南，林壑尤美；

友于花鸟，物我相忘。

图 14-158 对联之一

瞻望西南的山峰，林壑特别优美。和花鸟等自然物交朋友，天人合一，不分彼此，达到物我两忘的境界。

款署"岁在甲子钱仲联撰并书"。

对联之二（图14-159）：

> 云带钟声采茶去；
> 月移塔影啜茗来。

图 14-159 对联之二

云岩寺塔的钟声在空气树林中传开，塔的影子跟随月亮移动，来此采茶、品茗。室南为向北斜坡的植茶区。

款署"壬午岁中秋节，锡山华人德书"。

井亭匾额（图14-160）：

> 云泉

虎丘云岩茶色白，名"白云茶"，亭位于茶室外右前方，中有井，因名"云泉"。

邓石如篆书。

图 14-160 云泉

井亭柱联（图14-161）：

> 七杯春绿云泉水；
> 二腋生风齿颊香。

喝了七碗云泉茶就得享茶的至味，唯觉得两腋生风齿颊生香。出自唐代卢仝《走笔谢孟谏议新茶诗》。

图 14-161　云泉井亭

九、揽月榭

匾额（图 14-162）：

揽月榭

赏月之榭。此榭架于荷花池水之上，月明星稀之夜，月亮倒映于水中，似乎手可摘月，故名。

王世襄书额。王世襄（1914—2009 年），字畅安，著名文物专家、学者、文物鉴赏家、收藏家、中央文史研究馆馆员。

图 14-162　揽月榭

对联之一（图 14-163）：

剪取竹竿渔具足；
拨开荷叶酒船通。

准备了钓鱼的竹竿、载着酒，坐在小船上，穿行在荷花丛中。沈周诗联。稼研徐定戡书。

对联之二（图 14-164）：

杨柳阴中凭栏垂钓；
藕花香里倚槛招凉。

图 14-163　对联之一　　　　　　图 14-164　对联之二

柳荫垂钓，倚槛纳凉，闻藕香。

款署"虎丘山旧联句重书，岁次乙丑中秋节，庚子老人许士骐时年八十又五，寓淞滨晚学斋"。许士骐（1900—1993 年），安徽歙县人，早年毕业于上海美术专科学校，20 世纪 30 年代留学法国巴黎美术学院。历任南京中央大学艺术系、建筑系教授，南京师范学院美术系、教育系教授。作品有《鱼乐图》《黄岳松峰》等。

十、后山北大门

门厅南面匾额之一（图 14-165）：

图 14-165　吴天蓬朗

吴中天空明艳。

清高宗乾隆御书。

门厅南面匾额之二（图 14-166）：

巨丽名山

图 14-166　巨丽名山

极其美好著名之山。

季羡林书额。季羡林（1911—2009 年），字希逋，又字齐奘。山东聊城人。中国著名文学家、语言学家、教育家、国学家、佛学家、史学家、翻译家和社会活动家。中国科学院哲学社会科学部委员、聊城大学名誉校长、北京大学副校长、中国社科院南亚研究所所长，是北京大学唯一的终身教授。季羡林早年留学国外，通英、德、梵、巴利文，能阅俄、法文，尤其精于吐火罗文，是世界上仅有的精于此语言的几位学者之一。其著作汇编成《季羡林文集》，共二十四卷。

门厅南面对联（图 14-167）：

孤峰涌海，吴王争霸空今古；
一塔擎天，剑气冲霄贯白虹。

图 14-167　门厅南面对联

虎丘山从海中涌出，吴王争霸为古今所没有；虎丘塔高大凌天，宝剑精气直冲云霄连接着太阳的光环。

费新我书。

门厅北面匾额（图 14-168）：

春秋遗迹

图 14-168　春秋遗迹

额指虎丘山的历史可以追溯到春秋时期。

行楷。无款。

门厅北面楹联（图 14-169）：

虎阜寻游踪，乘兴而来，尽饶看十里烟花，三秋
风月；
狮峰观对面，会心不远，任领取云中林树，画里
亭台。

写景联。到虎丘山寻芳探幽，乘着兴致从山塘街而来，十里烟花、三秋风月都领略到了；从对面的狮子山回望虎丘，领会风景之美就在眼前，随意就能看到云中林树，如画亭台。"会心不远"，语出南朝宋刘义庆《世说新语·言语》："简文入华林园，顾谓左右曰：'会心处不必在远，翳然林木，便自有濠濮间想也。'"

清俞樾旧联，冯其庸补书。

石牌坊额（图 14-170）：

海涌岚浮

海涌山上烟绕云浮。

仿清乾隆皇帝书。

图 14-169　门厅北面楹联

图 14-170 海涌岚浮

柱联（图 14-171）：

> 古塔出林杪；
> 青山藏寺中。

古老的塔高于树枝的细梢，青山藏于山中。取自石韫玉《虎丘寺》诗："古塔出林杪，高峰结梵宫。花飞经藏雨，木落剑池风。红日隐檐底，青山藏寺中。下方城郭晚，苍霭满晴空。"

集翁同龢字虎丘旧句。

图 14-171 柱联

第四节

万景山庄

一、石牌坊

坊额（图 14-172、图 14-173）：

塔影浮翠（南） 吴岳神秀（北）

牌坊前临环山河，昔日南有塔影园。"塔影浮翠"即云岩寺塔塔影、满山苍翠倒挂入水，在碧水盈盈的波光中浮现。"吴岳神秀"取南朝张种语，他曾在《与

图 14-172 塔影浮翠（南）

图 14-173 吴岳神秀（北）

沈炯书》中描绘说："虎丘山者，吴岳之神秀也。"

"塔影浮翠"为吴敉木书，"吴岳神秀"为冯其庸书。

南柱联（图 14-174）：

水墨云林画；

松风山谷诗。

元代倪云林的水墨山水画清朗洁净，北宋黄庭坚的《松风阁诗帖》意境深沉。此联赞虎丘景色如诗如绘。

周退密书。

北柱联（图 14-175）：

春风再扫生公石；

落照仍衔短簿祠。

图 14-174 南柱联   图 14-175 北柱联

春风再次掠过生公石，夕阳投射在短簿祠上。万景山庄为晋王珣别业旧址，虎丘山曾建有"短簿祠"祭祀王珣。写景怀古联。集自清代陈鹏年的《重游虎丘诗》。

二、山庄入口

砖额（图14-176）：

万景山庄

图14-176　万景山庄

"万景山庄"是对盆景园的形容：山庄有水石盆景区和树桩盆景区，"名山大川为袖珍"，是自然美与艺术美巧妙结合的艺术结晶。南面入口东西门宕有砖额"塔影""松声"。

隶书。无款。

门厅后天井敞门砖额（图14-177）：

亦山亦水

图14-177　敞门砖额"亦山亦水"

又是山又是水。敞门后为一座大型黄石假山，有两股流瀑泻入水池形成溪涧水景。

张辛稼书。

天井东西门宕砖额（图14-178、图14-179）：

观瀑（东） 吟香（西）

观看瀑布，吟咏香花。落款"钵翁"，即苏渊雷。

图 14-178 观瀑（东）　　　　　图 14-179 吟香（西）

三、万松堂

匾额（图14-180）：

万松堂

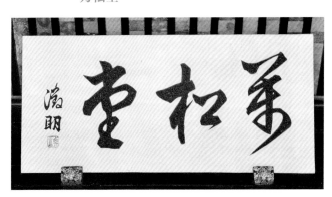

图 14-180 万松堂

取自明代杨循吉《万松堂避暑》诗，指松多如涛，厅堂东部植有黑松数十株，与其名相符。

文徵明体。

对联（图14-181）：

蹑屐登山，雨后万松全杳霭；

塔高望远，云中双塔半迷离。

图 14-181 万松堂对联

脚着谢公屐登山，雨后万松如洗，苍翠欲滴；抬头即能见巍巍虎丘塔，还能远远看到南边城内的双塔迷离景象。集自清代陈鹏年的《重游虎丘诗》。

徐穆如篆书。

东西侧门砖额（图 14-182、图 14-183）：

寻诗　拾画

图 14-182　寻诗

图 14-183　拾画

寻觅诗句，拾取画本。

田遨题。

四、隆祖亭

匾额（图 14-184）：

天下济宗祖庭

图 14-184　天下济宗祖庭

天下临济宗的祖庭。有题识曰："《虎丘山志》载明文震孟氏曾为隆祖塔院题此六字，院圮书佚，兹特重书，榜诸庭庑，千秋薪火，永式前徽。"隆祖亭在万松堂西南，有廊与万松堂相连。此处原有"临济正传第十二世隆禅师塔"，今建亭以纪念。

款署"癸巳春法裔虚云敬志书"。释虚云（1840—1959 年），俗名萧古岩，字德清，别号幻游，出生在福建泉州，19 岁至福建鼓山涌泉寺出家，拜常开为师。清光绪十八年（1892 年）受临济宗衣钵于妙莲和尚，受曹洞宗衣钵于耀成和尚。出家后勤修苦行。曾远赴印度、缅甸、斯里兰卡等地朝佛。中国佛教协会首席发起人。1953 年被选举为名誉会长。

五、松风明月厅

匾额（图 14-185）：

松风明月厅

图 14-185　松风明月厅

听松风延明月的厅堂。

胡厥文书。

对联（图 14-186）：

> 花气袭人喜骤暖；
> 鹊声穿树知新晴。

花香袭人喜欢天气突然变暖；鸟鹊声穿越树丛知道雨过天晴了。语出宋代陆游《村居书喜》诗。

程十发书。程十发（1921—2007 年），出生于上海金山。中国海派书画画匠，在人物、花鸟方面独树一帜。工书法，得力于秦汉木简及怀素狂草，善将草、篆、隶结为一体。

图 14-186　松风明月厅对联

六、集锦阁

圆洞门砖额（图 14-187）：

迎晖

迎接朝阳。

图 14-187　迎晖

七、苏州盆景历史文化陈列馆

入口门宕砖额（图 14-188、图 14-189）：

纳翠　思艺

收纳翠绿。思考盆景艺术。

图 14-188　纳翠

图 14-189　思艺

匾额（图 14-190）：

苏州盆景

此陈列馆主要陈列苏州盆景的历史、技艺、盆器、大师等。

虎丘

图 14-190　苏州盆景

顾廷龙书额。

对联之一（图 14-191）：

> 叠嶂笼烟二米画；
> 盘根分绿大苏诗。

重岩叠嶂烟雾蒙蒙是米芾父子的画；盘根错节绿意盈盈似苏东坡的山水诗歌。

苏州吴溱撰书。

对联之二（图 14-192）：

> 不向半天擎日月；
> 却来片地撼风霜。

不去半空举日月，却来此片地撼动风霜。

这是费新我先生为其题名的"秦汉遗韵"盆景所撰的对联。

图 14-191　对联之一

图 14-192　对联之二

对联之三（图 14-193）：

剪裁老树连盆活；
点缀名园意象新。

图 14-193　对联之三

圆柏盆景经过剪裁和古盆融于一体，焕然一新，装饰名园使得意象新奇。
吴进贤书。

摩崖（图 14-194）：

小龙湫

上有悬瀑、下有深潭的叫龙湫，因规模小，故名"小龙湫"。

东亭匾额（图 14-195）：

起月

月亮升起的地方。此亭位于盆景园东面。
王健生书。

八、东溪一曲

洞门砖额（图 14-196）：

东溪一曲

东溪一湾曲水。

图 14-194　小龙湫

图 14-195　起月

图 14-196　东溪一曲

图 14-197　清绮亭

亭额（图 14-197）：

清绮亭

清丽之亭。

款署"弇山易斋"，即王伟林。王伟林，1966
年出生于江苏太仓，1988 年毕业于苏州大学中文
系。中国书法家协会编辑出版委员会委员、江苏
省书法家协会副主席、江苏省青年书法家协会副
主席兼学术委员会主任、苏州市文联副主席、苏
州科技学院教授、国家一级美术师。

亭对联（图 14-198）：

塔影峦光楼阁上；
花辰月午画图间。

塔影山光览入楼阁；鲜花盛开的时候、午夜
月明时分，景色美如画。"月午"，午夜的月色。

钱定一书。

榭额（图 14-199）：

图 14-198　亭对联

萍香榭

图 14-199　萍香榭

浮萍飘香之榭。

田遨书额。

榭对联（图 14-200）：

延到秋光先得月；

听残春雨不生波。

引来秋光，临水之亭就先得月色；听时断时续的春雨已经不起波澜了。

喻蘅书。

山房匾额（图 14-201）：

瑶碧山房

翠绿似碧玉般的山房。山房东西门宕砖额"枕流""漱石"，典出南朝宋刘义庆《世说新语·排调》，以山泉为枕，山石漱口，旧时指隐居生活。

周退密书。

图 14-200 榭对联

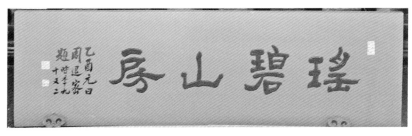

图 14-201 瑶碧山房

九、后山小亭

匾额（图 14-202）：

一览亭

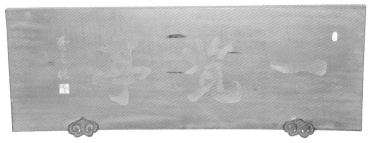

图 14-202 一览亭

可以登高一览美景之亭。亭位于山庄最北临近围墙高坡处。

费之雄题额。费之雄，1934年出生于笔乡湖州，长住水城苏州。为左笔书画大家费新我三子，故又名"左传三郎"，斋名"左庐"。长年在父身边耳提面命，耳濡目染。临习晋唐法帖、汉魏名碑，正草隶篆均有涉猎，行草能得父风，也有自己特色。

对联（图14-203）：

坐亭尽揽园中景；
仰首能观世外天。

坐在亭子里能看到园中全部的景致，抬头能看到尘世之外的天空。

丙戌秋日苏州吴溱书。

图14-203　对联

第五节

西溪环翠

一、大门

匾额（图14-204）：

西溪环翠

西溪四面翠色如环。清乾隆五十一年（1786年），晚唐诗人陆龟蒙的后裔陆肇域在西溪东南侧建造西溪别墅，并把甫里陆龟蒙祠中"八景"仿来，又造西溪

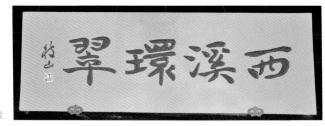

图14-204　西溪环翠

草堂、环翠阁等建筑。"西溪环翠"为昔日"虎丘十景"（白堤春泛、莲池清馥、可中玩月、海峰雪霁、风壑云泉、平林远野、石涧养鹤、书台松影、西溪环翠、小吴晚眺）之一。

仿祝枝山字体。

对联（14-205）：

> 翠岭黄扉，添此处十分风月；
>
> 清溪白石，问何时一枕烟霞。

在翠色的山岭间，一扇暗黄的门更增添无限风情和意境，碧水白石多么诱人，什么时候能枕着这烟霭霞光美美地睡一觉！

仿唐寅字体。

门厅院落北墙门宕砖额（图14-206、图14-207）：

> 蘅芷诵芬（南）　曲槛清音（北）

香草芬芳。曲栏处传来泉水清音。乾隆题虎丘行宫联中词："高柯嘉荫盘陀石；曲槛清音鬐沸泉。"鬐沸，泉水涌出貌。

图 14-205　大门对联

图 14-206　蘅芷诵芬（南）

图 14-207　曲槛清音（北）

二、清风亭

匾额（图 14-208）：

清风亭

图 14-208　清风亭

清风习习之亭。

仿唐寅字。

对联（图 14-209）：

竹引清风寻雅趣；
诗吟明月品华章。

竹子引来清风寻得闲雅之趣；吟诵明月
之诗品味美妙文章。

瓦翁书。

三、斗鸭池

池壁石刻（图 14-210）：

斗鸭池

观看鸭子相斗搏戏之水池。

池东侧立石摩崖（图 14-211）：

流觞

学习兰亭王羲之等文人雅士曲水流觞进
行文字饮之地。沿着院墙有一南北向的曲溪
连接着方形的斗鸭池。

图 14-209　清风亭对联

虎
丘

图 14-210　斗鸭池

图 14-211　流觞

轩匾额（图 14-212）：

天香深处

图 14-212　天香深处

桂香深处。轩周植桂多株。

仿苏轼字。

轩对联（图 14-213）：

桂香添露重；
雨净觉山宜。

桂花的香味增添了秋露；雨水洗过林净更适合青山。

仿苏轼字。苏轼的书法重在写"意"。世称苏轼的书法之美乃"妙在藏锋""淳古道劲""体度庄安，气象雍裕""藏巧于拙"，是"气势欹倾而神气横溢"的大家风度。

轩南廊门宕砖额（图 14-214）：

寻月

图 14-214　寻月

图 14-213　轩对联

寻找月色。

轩北六角亭匾额（图 14-215）：

问候桂花。问樨亭位于桂子轩北，周植有桂花树。

吴溱书额。

图 14-215 问樨

五、环翠阁

匾额（图 14-216）：

环翠阁

阁为二层，四周树木葱茏，青翠碧绿，故名。

集文徵明字。

图 14-216 环翠阁

对联（图 14-217）：

茶烟乍起，鹤梦未醒，此中得少佳趣；
高凤①入云，清流见底，何处更着②点尘。

① "凤"为"峰"之误。

② "杂"字较"着"字胜

煮茶的炊烟刚升起，还在做着向往超凡脱俗的梦，这里可获

图 14-217　对联

得美好的趣味；高峰入云，溪水清澈见底，哪里还会有一点世俗的灰尘！对句集自陶弘景《答谢中书书》。

启功书虎丘旧联。

阁东南八角门宕砖额（图 14-218、图 14-219）：

衔紫（南）　拥绿（北）

图 14-218　衔紫（南）

图 14-219　拥绿（北）

嘴拥紫绿，互文见义，万紫千红。

阁东南廊亭洞门匾额（图 14-220）：

云髻堆翠

山峦上堆叠着浓翠。"云髻"，指山峰秀丽如美女绾起的发髻。

款署"子昂"，仿元代赵孟頫字。

图 14-220　云髻堆翠

戏台匾额（图 14-221）：

纤歌云遏

虎丘

图 14-221　纤歌云遏

美妙的歌声高入云霄，把浮动着的云彩也阻止了。典出《列子·汤问》："饯于郊衢；抚节悲歌；声振林木；响遏行云。"

仿明代王宠字。王宠（1494—1533年），字履仁、履吉，号雅宜山人。吴县（今江苏苏州）人。王宠博学多才，工篆刻，善山水、花鸟，尤以书名噪一时，为明代中叶著名的书法家。书法初学蔡羽，后规范晋唐，楷书师虞世南、智永；行书学王献之，融会贯通。小楷尤清，简远空灵。其名与祝允明、文徵明并称。何良俊《四友斋书论》评其书："衡山之后，书法当以王雅宜为第一。盖其书本于大令，兼人品高旷，改神韵超逸，迥出诸人上。"

戏台对联（图 14-222）：

景色本鸿嘉，重来西溪，
见八方环翠山如黛；
高丘多雅乐，再度清音，
聆一片笙歌花想容。

图 14-222　戏台对联

本来就有巨丽之景色，再来西溪，见八方环翠青山如粉黛；高高的山丘上本来就多优雅乐章，清雅的音乐再次响起，聆听一片笙歌，想起鲜花的容颜。

崔护撰书。

北厅匾额（图14-223）：

春皋丽瞩

图14-223 春皋丽瞩

春天的水边高地满眼是美丽的风光。

北厅对联（图14-224）：

燕语破新寒，望山岭云封生意，远浮春草色；
虫鸣入诗韵，看镜台月照瑶琴，音续梦痕香。

燕子呢喃打破春寒，远望群峰云雾缭绕，春意浮现，草露春色；虫子鸣声协着诗的韵律，看那屋子被月光照得如镜子般闪亮，名贵、音质非常好的琴声延续响起，梦痕亦香甜。

钱定一重书旧联。

北厅东西门宕砖额（图14-225、图14-226）：

钟灵　毓秀

凝聚天地之灵气。蕴育出优秀人才。

厅西北水榭匾额（图14-227）：

聆音榭

聆听歌声的敞榭。

邓石如金文。

厅东北垂花门匾额（图14-228、图14-229）：

坐花醉月（面西）　晴峦飞翠（面东）

图14-224 北厅对联

图 14-225　钟灵

图 14-226　毓秀

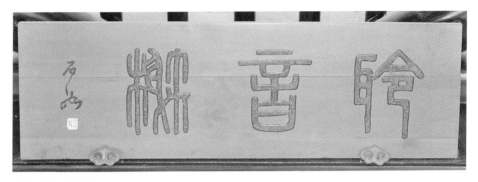

图 14-227　聆音榭

图 14-228　坐花醉月（面西）

图 14-229　晴峦飞翠（面东）

坐在花间，在月下醉饮。晴天山峦上浮动着浓翠。

"坐花醉月"，无款。"晴峦飞翠"，启功书。

厅南摩崖（图 14-230）：

西溪风月宜真赏，东岭烟霞称苦吟；

他日黄扉勤论道，秋风一梦到山林。

图 14-230　厅南摩崖

　　西溪风月应该会心欣赏，东岭山水苦心推敲作诗。将来官场积极谋虑治国的政令，秋风起的时候就会想到山林之间。"黄扉"，给事中、中舒舍人别称。取自宋代朱长文《次韵蒲左丞游虎丘十首》诗之一。

七、小筼筜谷

竹制篱门匾额（图 14-231、图 14-232）：

图 14-231　篱门幽竹（面南）

图 14-232　竹径梅雨（面北）

篱门幽竹（面南）　竹径梅雨（面北）

写景额，周围竹林茂密，是清幽之处。

摩崖（图 14-233）：

小箟筜谷

箟筜是一种皮薄、节长而竿高的生长在水边的大竹子。箟筜谷在陕西洋县，因盛产箟筜得名。因此地遍植翠竹，近似于箟筜谷，故取"小箟筜谷"。

周退密题。

方亭匾额（图 14-234）：

摇清玉碎

风穿过竹林形成的清脆之音。

集明代董其昌字。

对联（图 14-235）：

图 14-233　小箟筜谷

竹密不妨流水过；
山高岂碍白云飞。

图 14-234　摇清玉碎

竹林再茂密也不能妨碍流水经过，山峰再高也不能阻碍白云飘飞。语出《景德传灯录》卷二十："有僧辞乐普，乐普曰：'四面是山，阇黎向什么处去？'僧无对。乐普曰：'限汝十日内，下语得中，即从汝发去。'其僧冥搜久之无语，因经行偶入园中。师怪问曰：'上座岂不是辞去，今何在此？'僧具陈所以，坚请代语。师不得已，代曰：'竹密岂妨流水过，山高那阻野云飞？'其僧喜踊，师嘱之曰：'只对和尚，不须言是善静语也。'僧遂白乐普。乐普曰：'谁下此语？'曰：'某甲。'乐普曰：'非汝之语。'僧具言园头所教。乐普至晚上堂，谓众曰：'莫轻园头，他日住一城隍，五百人常随也。'"南宋虎丘住持绍隆禅师就曾以"竹密不妨流水过"的参悟而获圆悟首肯，被圆悟称为"瞌睡虎"。

张充和 2003 年书。张充和（1914—2015 年），女，出生于上海，祖籍合肥，为张树声的曾孙女，苏州教育家张武龄的四女（"合肥四姐妹"中的小妹）。被誉为民国闺秀、"最后的才女"。她的书法各体皆备，一笔娟秀端凝的小楷，骨力深蕴，被誉为"当代小楷第一人"。

井铭（图 14-236）：

图 14-235　小筑笋谷对联

绿玉泉

图 14-236　绿玉泉

因泉在竹林得名，竹别名"绿玉""绿玉君"，文徵明有《竹》诗："分得亭亭绿玉枝，雨馀生意满阶除。"据《虎丘山志》载："唐代'山之西南'有回仙径，回仙径南有炼丹井，是清远道士炼丹汲水处，很有可能就是这口井。"

篆书，无款。

摩崖（图14-237）：

卷石勺水

图 14-237　卷石勺水

如拳大之石，如一勺之水，形容在有限的空间内纳天地之精华。典出《中庸》："今夫山，一卷石之多，及其广大，草木生之，禽兽居之，宝藏兴焉。今夫水，一勺之多，及其不测，鼋龟、蛟龙、鱼鳖生焉，货财殖焉。"

后记

苏州园林为什么会成为中华的文化经典？我们策划这套由七部著作组成的系列，就是企图从宏观和微观两个维度来解答这个问题。宏观是从全局的视角揭示苏州园林艺术本质及其艺术规律；微观则通过具体真实的局部来展示其文化艺术价值，微观是宏观研究的基础，而宏观研究是微观研究的理论升华。

《听香深处——魅力》就是从全局的视角，探讨和揭示苏州园林永恒魅力的生命密码；日本现代著名诗人、作家室生犀星曾称日本的园林是"纯日本美的最高表现"，我们更可以说，中国园林文化的精萃——苏州园林是"纯中国美的最高表现"！

本系列的其他六部书分别从微观角度展示苏州园林的文化艺术价值：

《景境构成——品题》，通过解读苏州园林的品题（匾额、砖刻、对联）及品题的书法真迹，使人们感受苏州园林深厚的文化底蕴，苏州园林不啻一部图文并茂的文学和书法读本，要认真地"读"。《含情多致——门窗》《吟花席地——铺地》《透风漏月——花窗》《凝固诗画——塑雕》和《木上风华——木雕》五书，则具体解读了触目皆琳琅的园林建筑小品：千姿百态的门窗式样、赏心悦目的铺地图纹、目不暇接的花窗造型、异彩纷呈的脊塑墙饰、精美绝伦的地罩雕梁……

我与研究生们及青年教师向净一起，经过数年的资料收集，包括实地拍摄、考索，走遍了苏州开放园林的每个角落，将上述这些默默美丽着的园林小品采集汇总，又花了数年时间，进行分类、解读，并记述了香山工匠制作这些园林小品的具体工艺，终于将这些无言之美的"花朵"采撷成册。

分类采集图案固然艰辛，但对图案的文化寓意解读尤其不易。我们努力汲取学术界最新研究成果，希望站在巨人肩头往上攀登，力图反本溯源，写出新意，寓知识于赏心悦目之中。尽管一路付出了艰辛的劳动，但距离目标还相当遥远！许多图案没有现成的研究成果可资参考，能工巧匠大多为师徒式的耳口相传，对耳熟能详的图案样式蕴含的文化寓意大多不知其里，当代施工或照搬图纹，或随机组合。有的图纹十分抽象写意，甚至理想化，仅为一种形式美构图。因此，识别、解读图纹的文化寓意，更为困难。为此，我们走访请教了苏州市园林和绿化管理局、香山帮的专业技术人员，受到不少启发。

今天，在《苏州园林园境》系列出版之际，我们对提供过帮助的苏州市园林和绿化管理局的总工程师詹永伟、香山古建公司的高级工程师李金明、苏州园林设计院贺风春院长、王国荣先生等表示诚挚的谢意！还要特别感谢涂小马副教授，他是这套书的编外作者。无私地提供了许多精美的摄影作品，为《苏州园林园境》系列增添了靓丽色彩！

感谢中国电力出版社梁瑶主任和曹巍编辑对传统文化的一片赤诚之心和出版过程中的辛勤付出！

虽然我们为写作《苏州园林园境》系列做了许多努力，但在将园境系列丛书奉献给读者的同时，我们的心里依然惴惴不安，姑且抛砖引玉，求其友声了！

最后，我想借法国一条通向阿尔卑斯山的美丽小路旁的标语牌提醒苏州园林爱好者们："慢慢走，欣赏啊！"美学家朱光潜先生曾以之为题，写了"人生的艺术化"一文，先生这样写道：

> 许多人在这车如流水马如龙的世界过活，恰如在阿尔卑斯山谷中乘汽车兜风，匆匆忙忙地急驰而过，无暇一回首流连风景，于是这丰富华丽的世界便成为一个了无生趣的囚牢。这是一件多么可惋惜的事啊！

人生的艺术化就是人生的情趣化！朋友们：慢慢走，欣赏啊！

曹林娣

辛丑桐月改定于苏州南林苑寓所